"新增百万亩国土绿化行动"技术指导丛书

主要经济林树种生态高效栽培技术

浙江省林业局　组编

浙江科学技术出版社

《主要经济林树种生态高效栽培技术》编写人员

主　　编　吴　鸿

副主编　周子贵　沈爱华　何志华　王宗星　冯博杰

编　　撰　（按姓氏笔画排序）

丁立忠　王正加　王坚娅　王勤红　龙　伟

任华东　刘健伟　吴　江　吴延军　吴英俊

何　祯　汪舍平　沈　泉　张　启　张　骏

陈　斌　陈华江　郑新强　柏明娥　姚小华

钱东南　徐建国　翁永发　黄坚钦　曹永庆

龚榜初　梁月荣　梁森苗　梁慧玲　韩素芳

喻卫武　程诗明　谢小波

视频拍摄　胡利泉

组　　编　浙江省林业局

序

　　习近平总书记多次强调"山水林田湖草是生命共同体""森林关系国家生态安全"。浙江省作为"绿水青山就是金山银山"理念的发源地和率先实践地，增加森林面积，提高森林质量，是贯彻落实习近平生态文明思想，推动生态文明建设继续走在前列的重大举措，是实施"八八战略"，发挥生态优势，推进浙江省大花园和美丽浙江建设的重要内容，也是改善生态环境、增进民生福祉的重大工程，同时也是推进长三角一体化，共筑长三角绿色生态屏障的重要行动。

　　2020年，浙江省人民政府办公厅印发了《浙江省新增百万亩国土绿化行动方案（2020—2024年）》，提出按照山水林田湖草系统治理的思路，大力建设山地、坡地、城市、乡村、通道、沿海"六大森林"，到2024年底力争完成新增造林180万亩以上，基本建立布局合理、覆盖城乡、功能强大的森林生态体系。根据中共浙江省委、省政府的部署要求，全省各地迅速行动，按照"挖潜力、调结构、促增收"的思路，深入挖掘绿化空间，充分遵循农民意愿，在立地相对较好、连片集中的地块，积极调整种植结构，着力提高绿化综合效益。

　　为加强"新增百万亩国土绿化行动"的科技支撑，进一步加快林业先进实用技术在国土绿化中的普及和推广应用，浙江省林业局组织省内有关专家编写了这套"'新增百万亩国土绿化行动'技术指导丛书"。丛书详细介绍了全省主要珍贵速生和经济树种的特性、栽培技术，并附有典型案例，能有效指导全省各地根据立地条件有针对性地选择适宜树种并开展绿化造林。

丛书采用"全彩＋图解＋视频"方式编写，技术先进、内容丰富、文字简练、通俗易懂，是兼具专业性、实用性、科普性的优秀丛书。该书的出版不仅是当前浙江省"新增百万亩国土绿化行动"的迫切需要，也是从事林业生产特别是专业合作组织、龙头企业、科技示范户以及责任林技人员的科普读本、致富读本，可为读者提供示范借鉴。希望我省各级林业主管部门能切实运用并宣传好这套丛书，真正发挥其价值，为浙江大花园建设和美丽浙江建设做出积极贡献。

浙江省林业局党组书记、局长
2020年10月

前言

　　2020年，浙江省人民政府办公厅印发了《浙江省新增百万亩国土绿化行动方案（2020—2024年）》。"新增百万亩国土绿化行动"是中共浙江省委、省人民政府在习近平新时代中国特色社会主义思想指引下，积极践行"绿水青山就是金山银山"理念，持续推进国土绿化美化，推动浙江省生态文明建设继续走在全国前列的重大决策部署。加快推进"新增百万亩国土绿化行动"，对于促进浙江省加快构建严格保护森林资源治理体系，提升森林生态系统质量和稳定性，保障国土生态安全，不断满足人民群众对森林日益增长的多元需求，支撑浙江省大花园建设和美丽浙江建设等方面，都具有重大战略意义。

　　经济林是"新增百万亩国土绿化行动"主要造林类型，指以生产果品、食用油料、工业原料和药材为主要目的的林木，具有生态和经济等多重效益。浙江省现有经济林面积1400万亩，占全省森林面积的15.35%。经济林在建设美丽乡村、推进乡村振兴中发挥了重要作用。在立地相对较好、连片集中的地块发展经济林，不仅可以提高森林覆盖率、改善生态环境，也能成为许多地方农民增收致富的"摇钱树"，增加综合效益，同时还能提高当地百姓参与绿化行动的积极性。因此，为贯彻落实中共浙江省委、省人民政府"新增百万亩国土绿化行动"重大决策部署,加强"新增百万亩国土绿化行动"的科技支撑,加大乡土经济树种的选育推广力度,实施良种造林、科学造林,实现生态和经济效益双赢,浙江省林业局组织省内科研院校经济林方面的权威专家,在对全省主要经济林树种资源开展调查的基础上编写了《主要经济林树种生态高效栽培技术》一书。

本书作为"'新增百万亩国土绿化行动'技术指导丛书"之一分册,介绍了浙江省28种经济林树种生态高效栽培技术,主要内容包括可推广良种、种植范围、栽培技术、典型案例、技术专家、种苗供应等。浙江省农业科学院农村发展研究所摄制组团队对书中提到的关键技术进行了实地拍摄录制,由专家现场实操、指导、解说,直观易懂,视频以二维码形式附于书中,可供观看学习。

视频拍摄期间正值酷暑时节,摄制组和专家不惧炎热,顶着烈日在基地开展录制工作,在此对他们的敬业、务实精神及辛勤的付出致以衷心的感谢和崇高的敬意!

由于编者水平有限,书中存在疏漏和不足之处在所难免,恳请广大读者批评指正,以便今后修订、完善。

编　者
2020年8月

目录

上
编

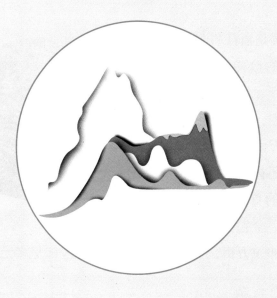

乔木经济林树种

一、香榧生态高效栽培技术

香榧是浙江省最具特色的珍稀干果，具有高产、优质、高效的特点，盛果期亩产值超万元，是浙江省退耕还林和种植结构调整的首选树种。2019年，全省香榧种植面积80.9万亩，产量6000多吨，产值达15亿多元。

香榧

1 推广良种

品 种	良种号	品种特性
细 榧	国S-SV-TG-024-2011	会稽山一带农家品种
珍珠榧	浙R-SC-TG-008-2006	籽小、圆，种衣极易脱；余味甜香
象牙榧	浙R-SC-TG-007-2006	籽细长，种仁饱满，种衣易脱；风味近似细榧
东榧3号	浙S-SV-TG-009-2015	丰产性好，风味与细榧同
东榧1号	浙S-SV-TG-005-2017	丰产性好，风味与细榧同
龙凤细榧	浙S-SV-TG-006-2017	雌雄同枝，花期同步，可自花授粉；风味近似细榧

品　　种	良种号	品种特性
早缘榧	浙R-SC-TG-009-2018	油脂含量高，酥松、细腻程度好于细榧
美林细榧	浙R-SC-TG-010-2018	丰产性好，风味与细榧同
立勤细榧	浙R-SC-TG-011-2018	丰产性好，风味与细榧同

② 种植范围

适合在退耕还林和树种结构调整区域推广。

（1）土壤要求：微酸性到中性砂质壤土；土层厚度宜大于60厘米。

（2）环境要求：海拔为100～800米的山地；缓坡地，整体开发坡度一般不高于20°，局部开发不超过25°；中高海拔地区要求光照强，低海拔地区尽量选择在半阳坡种植。

③ 栽培技术

（1）造林模式：适宜纯林结合林下套种、疏林（板栗、山核桃、油茶）混交、茶-榧套种等模式。

（2）种植密度：株行距5米×5米或4米×5米，亩栽27～32株。

（3）种植技术：于10月中下旬至上冻前及早种植；选用"2+4"左右的良种嫁接大苗，带土球上山造林；造林时宜挖大穴，施足基

香榧生态高效栽培技术

肥，注意根肥分离、浅栽高覆松土，同时对嫁接苗进行适量修剪。造林后应进行遮阴处理，并及早去除砧木萌蘖条。造林成活率一般在95%以上，造林后植株生长快、结实早。

（4）树体管理技术：适宜自然开心形、疏散分层形树冠；前期可通过施肥配比、扶枝等技术，增强顶端优势，快速扩大树冠；进入初果期后，可通过拉枝、打顶以削弱顶端优势，诱导结果母枝的形成；控制施肥配比等，促进花芽分化，提早开花结实。

（5）林地管理技术：施肥应遵循"控氮、稳磷、增钾"的原则，重点抓好春、秋季肥料施入，幼年及结果量多的树，在5月下旬前可追施复合肥。若林地瘠薄、土壤紧实，秋季可结合深挖扩穴施用有机肥。

（6）病虫害管理技术：常见病虫害有根腐病、茎腐病、绿藻、红蜘蛛、白蚁、介壳虫等，主要通过改良土壤及施用低毒高效药剂等方法防治。秋冬季可施用石硫合剂清园。

4 典型案例

（1）嵊州市长乐镇坎一村基地。

基地位置及规模：嵊州市长乐镇坎一村，面积100亩。

经营业主：嵊州市万松林香榧专业合作社。

经营情况：造林10～15年，15年进入盛产期，平均亩产榧蒲420千克；100亩基地里，榧蒲平均亩产量达250千克，按市场价40元/千克估算，亩产值可达10000元。

嵊州市长乐镇坎一村基地

（2）浙江农林大学潘母岗校内基地。

基地位置及规模：浙江农林大学潘母岗校内，面积25亩。

经营业主：国有。

经营情况："2+4"苗木于2016年造林，至2019年50%以上初果，98%以上初花。2019年部分林地开始套种黄精。

浙江农林大学潘母岗校内基地

⑤ 技术专家

姓　名	单　位	职　称	联系电话
戴文圣	浙江农林大学	教　授	13506815801
吴家胜	浙江农林大学	教　授	13968030948
童品璋	浙江省香榧产业协会	教授级高工	13758587883
喻卫武	浙江农林大学	高级实验师	13868012958
胡文翠	东阳市香榧研究所	工程师	13665879599

⑥ 种苗供应

诸暨市立勤生态农业开发有限公司、嵊州市愚舍家庭农场、东阳鑫峰农林开发有限公司、东阳市兰婷农业发展有限公司、浙江野草农业开发有限公司等。

二、山核桃生态高效栽培技术

山核桃是浙江省最具特色的珍稀干果和木本油料树种，具有高产、优质、高效的特点，盛果期林分亩产值超过5000元，是浙江省退耕还林和种植结构调整的首选树种。2019年，全省山核桃种植面积达100万亩，产量2万余吨，产值超过12亿元。

山核桃

1 推广良种

品　种	良种号	品种特性
浙林山1号	浙S-SC-CC-010-2015	大籽型品种，籽粒特大，籽径2.0厘米以上
浙林山2号	浙S-SC-CC-011-2015	大籽型品种，籽粒大，籽径1.95厘米以上
浙林山3号	浙S-SC-CC-012-2015	早实型品种，成熟期提早7～10天；籽粒中等

② 种植范围

适合浙江省退耕还林和种植结构调整区域推广应用。

（1）土壤要求：pH 5～7 的壤土或砂壤土；土层厚度宜大于60厘米。

（2）环境要求：海拔为 100～800 米的山地或四旁地；缓坡地，整体开发坡度一般不高于 20°；海拔 500 米以上地区要求光照充分，低海拔地区尽量选择在半阳坡种植。

③ 栽培技术

（1）造林模式：适宜纯林结合林下套种、疏林（香榧、油茶）混交、山核桃-茶套种、四旁绿化等模式。

（2）种植密度：株行距 6 米×（6～7）米，亩栽 15～18 株。

（3）种植技术：于 11 月中下旬至上冻前及早种植，山地可选用湖南山核桃砧良种嫁接苗，平缓地可选用薄壳山核桃砧良种嫁接苗，采用裸根苗造林，有条件的可选用容器大苗或带土球大苗造林。造林时宜挖大穴，施足基肥，注意根肥分离、浅栽高覆松土并对山核桃树作适量修剪。造林后应及早去除砧木萌蘖，造林成活率一般在 95% 以上，造林后植株生长快、结实早。

（4）树体管理技术：适宜疏散分层形树冠；前期可通过施肥配比、摘心等技术，促进生长和分枝，快速扩大树冠；初果期后，可通过拉枝等措施促进花芽分化，提早结实。

山核桃生态高效栽培技术

（5）林地管理技术：施肥应遵循"控氮、稳磷、增钾"的原则，重点抓好5月和9月肥料施入。幼年及结果量多的树，在5月下旬可追施复合肥。若土地瘠薄、土壤紧实，秋季可结合深挖扩穴施用有机肥。

（6）病虫害管理技术：常见病虫害有干腐病、根腐病、山核桃花蕾蛆、天牛、咖啡木蠹蛾等，主要通过土壤改良、物理防治与施用低毒高效药剂等方法防治。秋冬季可施用石硫合剂清园。

4 典型案例

（1）临安区玲珑街道雅坞基地。

基地位置及规模：临安区玲珑街道雅坞，面积30亩。

经营业主：杭州天则山林业科技有限公司。

经营情况：造林10～15年，15年进入盛产期，平均亩产山核桃蒲450千克，按市场价12元/千克估算，亩产值可达5000元。

临安区玲珑街道雅坞基地

（2）浙江农林大学潘母岗校内基地。

基地位置及规模：浙江农林大学潘母岗校内，面积10亩。

经营业主：国有。

经营情况："2+2"苗木于2016年造林，至2019年20%初花。2019年部分林地开始套种黄精。

浙江农林大学潘母岗校内基地

⑤ 技术专家

姓　　名	单　　位	职　　称	联系电话
黄坚钦	浙江农林大学	教　授	13968023269
王正加	浙江农林大学	教　授	13989845579
夏国华	浙江农林大学	高级实验师	0571－63732761
赵伟明	杭州市林业科学研究院	教授级高工	13806521865
丁立忠	杭州市临安区农林技术推广中心	高级工程师	13806523228

⑥ 种苗供应

杭州天则山林业科技有限公司等。

三、薄壳山核桃生态高效栽培技术

薄壳山核桃是世界性干果和木本油料树种，具有高产、优质、高效的特点，盛果期林分亩产值超过8000元，是浙江省退耕还林、平原绿化和种植结构调整的首选树种。2019年，全省薄壳山核桃种植面积约3万亩。

薄壳山核桃

1 推广良种

品　种	良种号	品种特性
泡尼 （Pawnee）	浙R-ETS-CI -012-2015	雄先熟型；坚果椭圆形，果壳薄，易于取仁；单籽重10.85克，出仁率58.56%
威斯顿 （Western）	浙R-ETS-CI -007-2016	雌先熟型；坚果椭圆形，果壳薄，易于取仁；单籽重11.73克，出仁率59.85%
特贾斯 （Tejas）	浙R-ETS-CI -011-2015	雌先熟型；坚果长椭圆形，易脱壳；单籽重12.23克，出仁率42.73%

品　种	良种号	品种特性
肖肖尼 （Shoshoni）	浙R-ETS-CI -010-2015	雌先熟型；坚果短椭圆形，易脱壳，种仁风味香甜；单籽重10.77克，出仁率49.67%
YLJ023号	浙S-SV-CI -005-2006	雌先熟型；坚果椭圆形，易脱壳；单籽重8.87克，出仁率64%
YLJ042号	浙S-SV-CI -006-2006	雌先熟型；坚果椭圆形，易脱壳；单籽重7.37克，出仁率59%
YLC21	浙R-SC-CI -012-2011	雌先熟型；坚果椭圆形，壳薄，取仁容易，果仁色美味香，无涩味，松脆；单籽重8.03克，出仁率44.8%
YLC29	浙R-SC-CI -013-2011	雄先熟型；坚果卵形，壳薄，取仁容易，果仁色美味香，无涩味，松脆；单籽重5.87克，出仁率53.7%
YLC35	浙R-SC-CI -014-2011	雄先熟型；壳薄，取仁容易，果仁色美味香，无涩味，松脆；平均单籽重10.31克，出仁率50.2%

② 种植范围

适合浙江省退耕还林、平原绿化和种植结构调整区域推广应用。

（1）土壤要求：pH4.5～6.5的壤土或砂壤土；土层深度宜大于80厘米。

（2）环境要求：海拔20～600米的平原、缓坡山地或四旁地；缓坡地，整体开发坡度一般不高于10°；海拔500米以上地区要求光照充分。

③ 栽培技术

（1）造林模式：适宜纯林结合林下套种、薄壳山核桃 - 茶套种、通道绿化、平原绿化和四旁绿化等模式。

（2）种植密度：平缓坡（坡度≤10°）栽植株行距（8～10）米×（8～10）米，亩栽6～10株；梯田或山地（坡度为10°～25°）栽植株行距（6～7）米×（6～7）米，亩栽13～18株。

（3）种植技术：于11月中下旬至上冻前及早种植，山地可选用良种嫁接苗，采用裸根苗造林，有条件的可选用容器大苗或带土球大苗造林。造林时宜挖大穴，施足基肥，注意根肥分离、浅栽高覆松土并对种植苗进行适量修剪。造林后应及早去除砧木萌蘖，造林成活率一般在95%以上，造林后植株生长快、结实早。

（4）树体管理技术：适宜疏散分层形树冠；前期可通过施肥配比、摘心等技术，促进生长和分枝，快速扩大树冠；初果期后，可通过拉枝等措施促进花芽分化，提早结实。

（5）林地管理技术：施肥应遵循"控氮、稳磷、增钾"的原则，重点抓好5月和9月肥料施入。幼年及结果量多的树，在5月下旬可补施复合肥做追肥。若土地瘠薄、土壤紧实，秋季可结合深挖扩穴施用有机肥。

（6）病虫害管理技术：常见病虫害有黑斑病、褐斑病、叶斑病、炭疽病、铜绿异丽金龟、警根瘤蚜、云斑天牛、星天牛、咖啡木蠹

薄壳山核桃生态高效栽培技术

蛾等,主要通过土壤改良、物理防治与施用低毒高效药剂等方法防治。秋冬季可施用石硫合剂清园。

④ **典型案例**

(1)建德市莲花镇齐平村基地。

基地位置及规模:建德市莲花镇齐平村,面积100亩。

经营业主:建德市莲花汉威山核桃专业合作社。

经营情况:造林20~30年,15年进入盛产期,平均亩产薄壳山核桃籽150千克,按市场价60元/千克计算,亩产值可达9000元以上。

(2)天目山林场。

基地位置及规模:杭州市临安区天目山林场;孤立木1株,树龄约80年。

建德市莲花镇齐平村基地

经营业主:国有。

经营情况:20世纪60年代保留下来的孤立木,树冠约16米×18米,单株结实性能好,2016年以来每年结实150~200千克,按照市场价60元/千克计算,年产值达9000元以上。

天目山林场

⑤ 技术专家

姓　名	单　位	职　称	联系电话
黄坚钦	浙江农林大学	教　授	13968023269
王正加	浙江农林大学	教　授	13989845579
夏国华	浙江农林大学	高级实验师	0571－63732761
丁立忠	杭州市临安区农林技术推广中心	高级工程师	13806523228
常　君	中国林业科学研究院亚热带林业研究所	助理研究员	0571－63326156

⑥ 种苗供应

　　杭州天则山林业科技有限公司、中国林业科学研究院亚热带林业研究所、新昌永林山核桃繁育基地、东阳市森佰农林有限公司等。

四、杨梅生态高效栽培技术

杨梅是浙江省最具特色的水果，树冠茂密，四季常绿，集食用、观赏、药用于一身，具有优质丰产、生态高效的特点，盛果期林分亩产值可达数万元，是浙江省退耕还林和种植结构调整的首选树种。2019年，全省杨梅种植面积达136万亩，产量约64万吨，产值近50亿元；其年产值位于浙江省干鲜果之首。

杨梅

① 推广良种

品种	良种/品种权/认定号	品种特性
早佳	浙R-SV-MR-009-2013	早熟，果面乌紫，丰产性好，品质佳
早鲜	CNA20170495.9	早熟，果面深红，丰产稳产，风味浓
荸荠种	浙农品认字第94号	中熟，果面乌紫，丰产性好，品质上

品种	良种/品种权/认定号	品种特性
夏至红	浙S-SC-MR-003-2014	中熟,果面粉红,丰产性好,品质上
深红种	浙S-SV-MR-014-2002	中熟,果面粉红,丰产性好,风味浓
水晶种	浙S-SV-MR-015-2002	中熟,果面白色,丰产性好,品质佳
晚荠蜜梅	浙农品认字第185号	晚熟,果面乌紫,丰产稳产,品质上
黑晶	浙认果2007001	晚熟,果面乌紫,丰产稳产,品质佳
东魁	浙农品认字第142号	晚熟,果面深红,果型特大,丰产性好,品质上

② 种植范围

适合在退耕还林和树种结构调整区域推广。

(1)土壤要求:酸性红壤或红黄壤,以pH4.5~6.5的砂质土壤为宜。目前已培育出耐盐碱砧木苗,适种范围已扩展到海涂与石灰质土壤。

(2)环境要求:年平均气温15~21℃,降水量较为充沛;海拔800米以下的缓坡地或山坡地,坡度不超过45°,以阴坡为好。

③ 栽培技术

(1)造林模式:适宜纯林结合林下套种、疏林(枇杷、板栗、油茶)混交、茶-梅套种等模式。

（2）种植密度：株行距4米×5米或5米×6米，亩栽22～33株。

（3）种植技术：1～2年生小苗2—3月春植，3年以上大苗或大树可春植，也可10—11月秋植，以无风阴天定植为宜。选用"2+5"良种嫁接大苗，带土球上山造林，造林时挖大穴、施足基肥、根舒展、浅栽高覆松土于嫁接口上。造林后进行遮阴处理，做到及时浇水、及早去蘖，植株生长快、结实早。

（4）树体管理技术：适宜倒"众"形、开心形、疏散分层形树冠；前期可通过施肥配比，增强顶端优势，快速扩大树冠；进入初果期后，可通过撑枝、拉枝、吊枝、打顶等技术削弱顶端优势，诱导树冠内膛或下垂结果母枝的形成；运用控制施肥配比等技术，促进花芽分化，提早开花结果。

（5）林地管理技术：结果树施肥应遵循"适氮、控磷、增钾"的原则，重点抓好7月采收后、秋季肥料施入；幼年及结果量多的，在硬核前的5月初可追施氮、钾肥。若林地瘠薄、土壤紧实，秋季可结合翻耕施用复合微生物肥料。

杨梅生态高效栽培技术

（6）病虫害管理技术：常见病虫害有癌肿病、褐斑病、白腐病、果蝇、介壳虫、褐黑粉虱等，主要通过冬春季喷雾石硫合剂清园、生长季及时喷施低毒高效药剂、采摘期运用性诱剂、罗帐或设施栽培等方法防控。

④ 典型案例

（1）文成县大峃镇里阳社区外江村基地。

基地位置及规模：文成县大峃镇里阳社区外江村，面积320亩。

经营业主：文成县里阳红枫林农业种植专业合作社。

经营情况：造林13～15年，第10年进入盛产期，320亩基地杨梅平均亩产量达470千克，按市场价26元/千克估算，亩产值可达12220元。

文成县大峃镇里阳社区外江村基地

（2）兰溪市马涧镇下杜村基地。

基地位置及规模：兰溪市马涧镇下杜村，面积300亩。

经营业主：兰溪市马涧新农夫果蔬专业合作社。

经营情况：造林约20年，均已进入盛产期，120亩设施大棚＋180亩杨梅"美丽果园"，'东魁'杨梅最高单价可达160元/千克，亩产值4万多元，年总产值480万元。

兰溪市马涧镇下杜村基地

⑤ 技术专家

姓 名	单 位	职 称	联系电话
梁森苗	浙江省农业科学院	研究员	13588013830
张淑文	浙江省农业科学院	助理研究员	15067194568
柴春燕	慈溪市杨梅研究所	教授级高工	13685709099
张 启	兰溪市经济特产技术推广站	高级农艺师	13858989330

⑥ 种苗供应

余姚市舜梅杨梅良种繁育中心、兰溪市仙乡杨梅专业合作社联合社等。

五、枇杷生态高效栽培技术

枇杷是浙江省的特色水果，具有高产、优质、高效的特点，树冠整齐美观，四季常青，果实艳丽，是很好的绿化树种。2019年，全省枇杷种植面积达23万亩，产量10万多吨，产值约16.5亿元。

枇杷

1 推广良种

品　种	品种特性
软条白沙	果皮极薄，果肉黄白色或乳白色，肉质细且柔软，汁多味甜美，单果重约25克，可溶性固形物13%以上，可食率68.4%左右
宁海白	酸甜适口、风味浓郁，皮薄汁多，单果重约25克，可溶性固形物含量为13%～15%，可食率为73.4%
兰溪白沙	果皮麦秆黄，易剥皮，果肉白色或淡黄，果肉厚，肉质细软，汁多，甜酸适口；单果重25克以上，可溶性固形物13%以上，可食率74.1%
大红袍	深橙红色，肉质致密，风味浓，单果重约37克，可溶性固形物12%左右，可食率70.4%左右

品　种	品种特性
大五星	橙红色，质地细嫩，单果重约60克，可溶性固形物11%左右，可食率73.2%左右
冠　玉	果实大，浅黄白色，质地细嫩，单果重约50克，可溶性固形物13%左右，可食率约71.2%

② 种植范围

（1）土壤要求：一般砂质或砾质壤土、砂质或砾质黏土都能栽培，但以土层深厚、土质疏松、含腐殖质多、保水保肥力强而又不易积水的土壤为最佳；对土壤酸碱度的要求不严格，pH5.0~8.5都能正常生长结果，以pH6左右最为适宜。

（2）环境要求：畏寒、喜温暖气候，花在-6℃时易受冻，幼果在-3℃时易受冻；坡度要求在25°以下，坡向以南向和东南向为宜，低凹谷地冷空气沉积，易受冻害；怕旱忌积水，以年降水量1200~2000毫米地区为适宜。

山坡地、平地均可种植。但以排水良好、阳光足、土层厚的低坡丘陵地区为佳。

③ 栽培技术

（1）造林模式：适宜纯林模式。

（2）种植密度：丘陵山地株行距4米×4.5米或5米，亩栽37株。

（3）种植技术：一般春植2月下旬至3月上旬，按照"四个一"标准进行种植，即一条水平带，一个标准穴(长宽深1米×1米×0.6米)，一担有机肥，一棵优质苗。种植时离嫁接口上25～30厘米短截，将叶片剪除，以减少蒸发、提高成活率，利于重新培养主枝。

(4)树体管理技术：适宜主干分层形，幼树期可通过拉枝、吊枝、抹梢、摘心、疏枝等技术，促进生长、扩大树冠；进入结果期后，可通过短截和疏删，改善内膛光照，保持良好树形，形成果园通风透光的环境。

(5)园地管理技术：结果树分3次施肥，即春肥(催果肥)施用时间在2—3月，以速效肥为主，适当增加磷、钾肥的比重，以满足果实的发育之需，施肥量约占年施肥量的10%左右；采果肥(5月下旬—6月上旬施)一般在采果前一周内施用，以施复合肥+尿素+人畜粪尿肥为主，占全年施肥量的40%～50%；基肥(9月上中旬施)以腐熟菜籽饼、猪羊粪等有机肥为主，占全年施肥量的40%。

(6)花果管理：对初果树和弱树，应疏除树冠顶部全部花蕾，其余部位在1/2的梢上留蕾；对成年树，在全树总梢数的2/3的梢上留蕾。疏果一般在3月下旬进行，疏去畸形果、病虫果、受冻果、小果、密生果，强穗强枝多留果，弱枝弱穗少留果，白沙品种每穗留3～4个果，红沙品种每穗留2～3个果。

(7)病虫害管理技术：常见花腐病、叶斑病、天牛、黄毛虫等病虫害及裂果、日灼等生理病害，应遵循"预防为主、综合防控"的方针，根据病虫害发生规律，抓住关键时期，以农业防治为基础，化学防治和物理防治结合，确保果品的安全、优质、营养。

④ 典型案例

（1）兰溪市白露山枇杷产业园。

基地位置及规模：兰溪市女埠街道虹霓山村，面积2000亩。

经营业主：兰溪市虹霓山枇杷专业合作社。

经营情况：于2002年种植，2008年进入盛产期，平均亩产枇杷462千克；按市场平均价30元/千克估算，亩产值可达9700元。

兰溪市白露山枇杷产业园

（2）兰溪市白露园枇杷基地。

基地位置及规模：兰溪市黄店镇露源村，面积50亩。

经营业主：兰溪市白露园家庭农场。

经营情况：于2014年种植，2018年初结果，2019年平均亩产量520千克，亩产值约1万元。

兰溪市白露园枇杷基地

⑤ 技术专家

姓 名	单 位	职 称	联系电话
陈俊伟	浙江省农业科学院园艺所	研究员	13858077420
殷学仁	浙江大学	教 授	0571-88982461
李晓颖	浙江省农业科学院园艺所	副研究员	18368867378
周晓音	丽水市农作物站	推广研究员	13957082123
张 启	兰溪市经济特产技术推广站	高级农艺师	13858989330

⑥ 种苗供应

兰溪市果香家庭农场等。

六、樱桃生态高效栽培技术

櫻桃成熟期早，有
"早春第一果"的美誉。
中国樱桃是浙江省传统
特色水果，甜樱桃是浙江
省新兴特色水果。樱桃具
有优质高效的特点，盛果
期亩产值超万元，是乡村
振兴和退耕还林的首选
树种之一。

櫻桃

① 推广良种

品　　种	良种号/认定号	品种特性
诸暨短柄樱桃		黄红色，成熟早，柔软多汁
紫　晶	浙R-SV-CP-007-2018	紫红色，固酸比高，口感甜
黑珍珠	地方品种	红色，果实较大，成熟晚
江南红	浙认果2018002	成熟时红色，完熟时紫红色；成熟早，甜味浓，适宜江浙一带种植

② 种植范围

适合在退耕还林和树种结构调整区域,包括浙江省及相似生境推广。

(1)土壤要求:优选微酸性到中性砂质壤土;土层厚度宜大于60厘米。

(2)环境要求:海拔为0~1000米的平地和山地均可种植;缓坡地,整体开发坡度不高于20°,局部开发不超过25°;中高海拔地区要求光照强,低海拔地区尽量选择在半阳坡种植。

③ 栽培技术

中国樱桃:

(1)宜优选pH6.0~7.5的微酸性至中性的非黏性土壤,株行距(2~3)米×(2~4)米,或采用宽行窄株如(0.5~1)米×(3~4)米。于春季萌芽前及秋季落叶后栽植。栽植前土壤应深翻熟化,挖大穴,每穴施入有机肥25~50千克。栽苗后浇定根水。

(2)土肥水管理:于秋季10—11月落叶前施有机基肥,约占全年施肥量的50%~70%。初花期至盛花期每隔10天连续喷施带硼叶面肥。采果后立即施适量化肥。个别品种定植后第二年不施肥,第三年结果后施肥。花前及施肥后灌水。果实膨大期至成熟期需平稳补给水分。

(3)整形修剪:采用自然丛生形或开心形,夏季要轻剪长

放，以拉枝为主。

（4）病虫防治：病虫害防治应遵循"预防为主、综合防治"的方针，按照病虫害发生的规律，优先采用农业、物理、生物防治，辅之化学防治。病害主要有枝枯病、根癌病、细菌性穿孔病；虫害主要有蚜虫、梨小食心虫。农业防治即实行轮作，并选择健壮苗木；清洁果园，通过农艺措施加强栽培管理，创造有利于中国樱桃生长的栽培环境，增加植株的抗病虫害能力。物理防治即通过频振式杀虫灯诱杀梨小食心虫，黄色粘虫板诱杀蚜虫。生物防治即通过保护和利用天敌，或使用生物农药控制。化学防治则是喷施低毒高效药剂进行防治。

甜樱桃：

（1）设施：在浙江种植甜樱桃需使用避雨遮阳设施。采用标准连体大棚、单体钢管大棚或简易塑料大棚，大棚均只需盖顶膜，四侧面不盖膜。

（2）定植：种植矮化砧木品种苗。平地定植垄高0.4米，宽1.5米，株行距（2～4）米×4米，行间挖深、宽各0.2米的排水沟。

（3）幼树管理：幼树以培养树形为主，树形以纺锤形为主，可根据实际需要采用其他树形，同时培养侧枝和结果枝。

（4）成年树管理：为方便采摘，成年树高控制在2.5米以下，冠幅控制在2.5～3.0米。4—8月不定期进行夏季修剪，注重拉枝和摘心。开花前适量追肥，并浇少量水，花期喷叶面肥2～3次，谢花后至果实成熟前应确保水分充足平稳，成熟期土壤含水量保持在60%~80%,采果后追肥。一般幼果期盖顶棚,但若花期温度低于0℃或高于25℃或连续阴雨时,应提早盖顶棚。采果后加盖遮阳网,若果实转色期温度上升过快,需提早盖遮阳网,遮阳网透光率不得低于50%。果实转色前,棚与棚之间应加防鸟网密闭连接以防鸟进入。9月中旬日平均气温在25℃时去除顶棚膜和遮阳网。秋季早施基肥,以有机肥为主。

(5)病虫害防治:应重视流胶病、根癌病和褐腐病的防治。避免在低洼、盐碱、黏重地区建园;防积水,加强果园管理,增强树势;及时防治天牛、金龟子类幼虫等蛀干及伤根害虫,减少或避免各种伤口产生;流胶发生时需及时刮治或结合冬剪时清除病枝,侵染性流胶病需在发芽前采用药物防治,非侵染性流胶病伤口可用含生石灰、石硫合剂及食盐加水调成的保护剂涂抹。根癌病可用抗根癌菌剂2~3倍液蘸根或切净病株根瘤后附根治疗。

4 典型案例

(1)义乌市赤岸镇江头村基地。

基地位置及规模:义乌市赤岸镇江头村,面积120亩。

经营业主:义乌红苗农业开发有限公司。

经营情况:中国樱桃已进入盛果期,平均亩产量达300千克,按市场价60元/千克估算,亩产值可达18000元。

义乌市赤岸镇江头村基地

（2）浦江县浦南街道基地。

基地位置及规模：浦江县浦南街道，面积220亩。

经营业主：浦江长丰果园种植有限公司。

经营情况：树龄4年初果，5年后进入盛果期，现进入结果

浦江县浦南街道基地

期甜樱桃100亩，平均亩产量达250千克，按市场价120元/千克估算，亩产值可达30000元。育苗基地20亩。

⑤ 技术专家

姓　名	单　　位	职　称	联系电话
吴延军	浙江省农业科学院	副研究员	13186962612
陈锦宇	绍兴市经济作物技术推广中心	高级农艺师	13906757173
曹学敏	浙江省农业科学院	助理研究员	0571－86058831
郑家祥	浦江长丰果园种植有限公司	工程师	13665857555
赵新军	嵊州市生钧樱桃研究所	工程师	13858556133

⑥ 种苗供应

嵊州市生钧樱桃研究所、浦江长丰果园种植有限公司等。

七、梨生态高效栽培技术

梨是浙江省主栽落叶果树。浙江省属亚热带果树混交带，十分适合南方蜜梨栽培。目前浙江省梨树品种结构布局以及熟期结构合理，栽培技术先进。2018年，全省梨树种植面积达32.2万亩，产量38.3吨，产值14.5亿元。

梨

1 推广良种

品种	良种号	品种特性
翠玉	浙(非)品审2011-028	早熟品种，果实形状扁圆形，果形端正，果顶稍平，果皮浅绿色，果面光洁具蜡质，果锈少，果点极小；果肉白色，肉质细嫩，汁液多，口感脆甜，易成花，丰产性好
翠冠	浙农品认字第254号	早熟品种，果实圆形，果型大、品质优，综合性状优，果肉脆，汁液多，树势强，易成花，丰产，果面易形成锈斑
新玉	CNA20151364.7	早熟品种，果实形状扁圆形，果形端正，果实底色黄色，果锈极少，果面光滑，外观优美，果肉脆，汁液多，口感佳

② 种植范围

无论山地和平原，只要土质、气候条件适宜且无环境污染，皆可种植推广。

（1）土壤要求：梨对土壤酸碱度的适应范围较大，pH 5～8的土壤均可栽培，但以pH 5.8～7最为适宜；土层厚度大于80厘米；土壤水分适宜（田间最大持水量的60%～80%）。

（2）环境要求：海拔为100～800米的山地或平原；缓坡地，整体开发坡度不高于20°，局部开发不超过25°；梨树喜温，生育期需要较高温度，适宜的年平均气温为13～21℃，冬季要求经过低于7.2℃的低温530～1000小时才能打破休眠；梨是喜光果树，年日照需1600～1700小时；无环境污染。

③ 栽培技术

（1）栽植技术：以秋冬落叶后至次年立春前种植为宜。按照株行距先定点再挖穴，挖穴大小视土壤质地而异，一般穴的大小与深度分别以80～100厘米、60～80厘米为宜。每穴适当施入有机肥以及钙、镁、磷肥。

（2）种植密度：根据品种、土壤肥力、地形和栽培管理水平等确定栽培密度，一般行株距为4米×4米或5米×4米。

（3）土壤管理：加强深翻改土、实行生草覆盖、间作绿肥等措施，防止杂草丛生。禁止使用除草剂，提倡机械除草。

（4）花果管理：梨树主要采取人工授粉以及放蜂授粉，合理疏花疏果，控制产量。

（5）树体管理技术：适宜自然开心形。常规树形为三主枝开心形，主干高45～50厘米，主枝与主干夹角呈45°，三主枝均匀分布呈120°方位角，主枝间保持15～20厘米的间距。为各主枝配备2～3个侧枝，为主枝和侧枝配备结果枝组。梨树修剪分为冬季修剪（休眠期修剪）和生长期修剪。修剪时注意树形培养，树冠扩大，结果枝培养，老树更新复壮，以及辅养枝改造。

（6）施肥和水分管理：施肥以有机肥为主，无机肥为辅，重视秋施基肥，基肥应占全年施肥量70%～80%；土壤施肥主要有催芽肥、膨大肥、采后肥等，施肥时注意灵活掌握，重视有机肥，控施氮肥，增施磷、钾肥，提倡微生物肥料。

梨树不同品种需水量不同，适当灌水可延迟花期，有效预防花期冻害。但梨树较为耐涝，水分不足会影响果实大小。

（7）病虫害管理技术：常见病虫害有黑星病、黑斑病、轮纹病、梨锈病、梨小食心虫、梨木虱等。病虫害防治以"预防为主、综合防治"为方针，根据病虫害的发生规律和预测预报，以农业防治为基础，物理、化学防治为辅助，加强培育管理，用绿色综合防控的方法减少病虫害的发生。

4 典型案例

（1）富阳区银湖街道郥村基地。

基地位置及规模：富阳区银湖街道郥村，面积300亩。

经营业主：杭州富阳区千禧园艺场。

经营情况：2000年栽种梨，盛产期亩产量达2000千克，按市场价10元/千克估算，亩产值可达2万元。

富阳区银湖街道郡村基地

（2）富阳区富春街道青云桥村基地。

基地位置及规模：杭州富阳区富春街道青云桥村，面积50亩。

经营业主：杭州富阳区大青果园。

经营情况：2003年栽种梨，盛产期平均亩产量达2000千克，按市场价8元/千克估算，亩产值超15000元。

富阳区富春街道青云桥村基地

⑤ 技术专家

姓　名	单　位	职　称	联系电话
徐云焕	浙江省农业农村厅	推广研究员	13605804677
施泽彬	浙江省农业科学院园艺所	研究员	13705816752
滕元文	浙江大学	教　授	13067979747
王勤红	富阳区农业技术推广中心	高级农艺师	13588856066

⑥ 种苗供应

杭州富阳大青果园等（联系人何志灿，电话13706812383）。

八、枣生态高效栽培技术

　　枣原产我国,是我国栽培历史最悠久的经济树种之一,素有"木本粮食"之称。枣果营养丰富,经济价值很高,被列为"百果之首",民间流传"一日吃三枣,一辈不显老";其含有丰富的维生素,被誉为"天然维生素丸"。浙江省为南方枣的主要产区,其中,以中西部的义乌、兰溪、东阳、金东、淳安、浦江为主产区。2019年,全省枣种植面积约2.2万亩,其中义乌6000亩、东阳1.2万亩、兰溪4000亩。全省枣产量11万吨,产值达1.2亿元。

枣

① 推广良种

品　种	良种号	品种特性
义仁大枣	浙S-SV-ZJ-003-2017	该品种单果重14.5～18克；大小较均匀，果面白绿色，质脆，汁液中等，品质上等；可溶性总糖37.3%，可溶性固形物21.80%，维生素C356毫克/100克，水分75.9%，8月下旬成熟，可食率95.71%，双仁率为46.2%；亩产1595千克（按矮化密植110株/亩计算）；主供加工南枣、蜜枣，亦可鲜食
伏脆蜜枣	浙R-ETS-ZJ-007-2017	该品种平均单果重12.2克，鲜果含可溶性固形物22%、维生素C245毫克/100克，粗纤维2.1%、铁3.9毫克/千克、还原糖23%；果肉酥脆无渣，汁液较多；亩产1570.8千克（按矮化密植110株/亩计算）；8月10日前后成熟，属于早熟品种，主供鲜食
早金脆枣	浙R-ETS-ZJ-008-2017	该品种果肉松脆无渣，单果重13.8～24.1克；鲜果含可溶性固形物17%，维生素C265毫克/100克，可食率达95.5%；8月5日前后成熟，比'沾化冬枣'早一个月上市，品质优于当地同期成熟的'旗鼓枣'，属于早熟品种；果肉细甜脆嫩，皮薄核小，吃后无渣，产量较高；亩产1762.2千克（按矮化密植110株/亩计算）主供鲜食

② 种植范围

适合在村庄四旁、山地、低丘缓坡、河滩、平地等区域推广。

（1）土壤要求：排水良好、渗透性强、通气性好、水位较高的壤土或砂壤土，最适宜枣树的种植；土壤pH以中性最好，枣树耐盐碱，能在土壤总盐量0.3%以下地方生长；土层厚度大于60厘米。

环境要求：①年降水量400～1400毫米的地区枣树均生长良好。枣树花期忌多雨水，若花期多雨以大棚避雨栽培为好。②枣树喜光性强，盛花期忌大风，特别是干热风。③枣树适宜在山地、低丘缓坡、河滩、平地等区域种植。在平原地区可采用枣农间作方式或四旁种植。在平坦地栽植枣树，土层厚、肥力高，利于排灌，易于施肥，便于管理，结果早、产量高。在山坡丘陵地栽培枣树，排水良好，阳光充足，果实着色佳、糖分高、裂果少。

③ 栽培技术

（1）造林模式：①零星栽植。利用村庄四旁栽植枣树，品种以鲜食枣为主，既可兼收枣果，又可美化环境。②成片栽植。可通过改造荒坡、河滩、盐碱地发展枣树；在山区丘陵、交通不便的地区以发展制干品种为主，有加工条件的地方可发展加工品种；在大、中城市附近及城镇近郊以发展鲜食品种为主。③枣农间作。即利用较大行距栽植枣树，在行间种植粮、棉、中药材等的模式。

（2）种植技术：采用2年生嫁接苗，成片种植一般株行距为3米×4米，每亩56株，矮化密植行株距为2米×3米，每亩112株。整个休眠期都可栽植，以秋季落叶后栽植较好。挖长、宽、深各60～80厘米的定植穴。栽前每亩撒施农家肥3000千克、复合肥80千克。枣园混栽不同品种可以提高坐果率。'义乌大枣'种植宜配置10%～20%的马枣作授粉树。

（3）树体管理技术：树形采用自由纺锤形或小冠疏层形，栽植当年定干高度为80～100厘米。剪除苗干上所有的二次枝，在距地面40厘米以上的地方，每隔25～30厘米选留1个主枝。萌芽期抹除多余的萌芽，花前对发育枝、二次枝摘心，以控制营养枝生长，结合冬季修剪、短截、回缩、疏枝等修剪技术控制树势。

（4）林地管理技术：采果后施基肥，以鸡、羊、猪粪等农家肥为主，每亩施用农家肥4000千克、复合肥40～60千克。

（5）病虫害管理技术：枣树的病害主要有枣锈病、枣疯病、枣缩果病等；枣树的虫害主要有枣龟甲蚧、枣瘿蚊、枣尺蠖、枣粘虫、刺蛾、枣锈壁虱等。应加强植物检疫，防止枣疯病等危险性病虫害传入。枣疯病是枣树的一种毁灭性病害，一旦发现病株就要挖除，以减少病源，控制发展；可通过防治叶蝉类害虫，以消灭传播媒介。秋冬季施用石硫合剂清园。

④ 典型案例

基地名称：义乌市城西街道夏楼村基地。

基地位置及规模：义乌市城西街道夏楼村，面积100亩。

经营业主：义乌华秀枣类研究所。

经营情况：该基地依托浙江省林业科学研究院科技支撑建成了的30亩义乌华秀枣博园，现收集枣品种70余个，2013年被认定为浙江省首批省级义乌大枣种质资源圃，现为义乌市科普教育基地之一。

每年共约有2000名游客前来观赏、采摘、选购果品和苗木。

义乌市城西街道夏楼村基地

示范基地70亩，造林13年，栽后8年进入盛产期，平均亩产枣1500千克，按市场价20元/千克估算，亩产值达30000元。该基地建在城郊，结合采摘游，一二三产融合发展，提升了总体效益。

⑤ 技术专家

姓　名	单　位	职　称	联系电话
程诗明	浙江省林业科学研究院	研究员	13819153582
韩素芳	浙江省林业科学研究院	副研究员	13958004207
楼绣球	义乌华秀枣类研究所		13867914878

⑥ 种苗供应

义乌华秀枣类研究所。

九、柿生态高效栽培技术

柿是浙江省重要特色果品，是退耕还林和种植结构调整的首选树种。目前全省柿种植面积约10万亩，年产量约4万吨。柿有涩柿和甜柿之分，永康的'方山柿'等名优涩柿亩收入在7000元以上；甜柿采

柿

下即可食用，脆甜爽口，风味独特，耐贮运，深受人们喜爱，优良甜柿品种亩收入可达1万元以上，目前全省甜柿栽培面积仅3000亩，市场前景十分看好。

① 推广良种

品　　种	良种号	品种特性
太秋	浙S-ETS-DK-007-2019	味道特好的甜柿品种，果扁圆形，单果重300克，最大500克；肉质酥脆，褐斑无或极少，汁液特多，品质极佳，糖度14%～20%；种子0～3粒，9月中旬—11月上旬采摘；种植后2～3年结果，丰产稳产；秋季雨水过多时，少量果实果面易污损，需加强栽培措施解决

续表

品　　种	良种号	品种特性
亚林48号		果扁圆形，重250克，橙红色；肉质松脆、汁多味甜，糖度14%～16%，品质上乘。成熟期9月上中旬。特早熟甜柿新品种
亚林46号		果扁圆形，重200～250克，红色鲜艳；肉质松脆、汁多味甜，糖度14%～16%；种子少，品质上乘。成熟期10月底—11月下旬。晚熟甜柿新品种
方山柿	浙S-SV-DK-002-2014	名优涩柿，原产永康，果圆形，单果重150克，味甜甘醇，糖度18%，汁多纤维少，无核或少核。成熟期10月下旬—11月上旬

以鲜食果品生产为主要目的宜选用甜柿品种，以道路、庭院绿化为主兼果品生产宜选用优良涩柿品种。

② 种植范围

适合浙江全省退耕还林和树种结构调整区域推广，平原、丘陵、山地均可种植，甜柿在山区种植品质更佳。选择光照充足、土层深厚肥沃、土壤中性偏酸、排灌便利的地块种植。

③ 栽培技术

（1）应用嫁接亲和性好的壮苗造林：'太秋'等甜柿品种与许多砧木嫁接不亲和，应选用亲和性好的'亚林柿砧6号'为砧木的壮苗造林，切忌盲目从市场上购苗。

（2）开园整地：坡度10°以下的林地，要

柿生态高效栽培技术

进行全垦整地；坡度为10°～25°的林地，要进行水平带状整地，带宽2～3米，整地方式为开撩壕或水平梯土，开垦深度在80厘米以上，挖大穴，施足基肥。

（3）栽植：落叶后至萌芽前均可种植，定植穴面积大小为0.8米^2，施足基肥。株行距(2.5～3)米×5米，约50株/亩。定植时，根系自然舒展，使根与土壤紧密结合；定植后，要浇活根水。

（4）土肥水管理：幼龄柿树采取勤施薄施的施肥方式，通常在3月下旬—9月下旬，每月追施1～2次稀薄肥料。成年树在果实采收之后至落叶休眠之前施入基肥，以有机肥为主；一般在3、6、8月施追肥3次，以化肥为主。

（5）整形修剪：以变侧主干形或自然开心形树形为主，成年树修剪时以疏为主，少留背后枝，结果母枝不短截，3～4年生的结果枝组需更新，以促发粗壮的结果母枝。结果多时需疏花疏果。

（6）病虫害防治：常见病虫害主要有角斑病、圆斑病、炭疽病、黑星病、柿梢鹰夜蛾、介壳虫等。栽植当年要避免食叶害虫为害，需每年冬季清园，喷石硫合剂，采用低毒高效药剂及时防治。

4 典型案例

（1）杭州富阳区常安镇永安山基地。

基地位置及规模：杭州富阳区常安镇永安山，10亩。

经营情况：种植'太秋'甜柿，2017—2019年（10～13年生）每年平均亩产2200～2500千克，售价50～70元/千克，亩收入8万元以上。

杭州富阳区常安镇永安山基地

（2）浙江桐乡石门镇墅丰村基地。

基地位置及规模：浙江桐乡石门镇墅丰村，'太秋'甜柿1380株，约30亩。

经营情况：2016年3月种植，2018年即种后第3年亩均产果约80千克，售价50～70元/千克，亩均收入约4000元。第4年（2019年）亩收入超过1.3万元，株收入300元。

浙江桐乡石门镇墅丰村基地

（3）浙江东阳市歌山林头村基地。

基地位置及规模：浙江东阳市歌山林头村，'太秋'甜柿3000株（50多亩）。

经营情况：2016年3月种植，2018年（种后第3年）亩均产果40多千克，亩均收入2000多元，2019年（第4年）亩均收入约4000元。

浙江东阳市歌山林头村基地

⑤ 技术专家

姓　名	单　位	职　称	联系电话
龚榜初	中国林业科学研究院亚热带林业研究所	研究员	13868161885

⑥ 种苗供应

中国林业科学研究院亚热带林业研究所。

十、青梅生态高效栽培技术

青梅是浙江省特产名
果之一，是深受消费者喜
爱的传统加工型保健果
品，产量高、效益好，是
浙江省退耕还林和种植结
构调整的重要经济树种之
一。2019年，全省青梅种
植面积达5.3万亩，产量
约2.1万吨，产值约2.2亿元，盛果期优质梅园亩产值近万元。

青梅

1 推广良种

品　种	品种特性
长农17	长兴县林城一带农家品种，果实圆形，可食率90.5%，平均单果重25.07克，抗逆性强，坐果率高，丰产性好
萧山大青梅	原产萧山临浦一带，为当地主栽品种，果实近圆形，可食率85.19%，平均单果重20.4克，无苦味，品质上乘，稳产性好

2 种植范围

适合在退耕还林和种植结构调整区域推广。

（1）土壤要求：pH5～6.5的壤土、砂壤土；土层厚度大于60厘米。

（2）环境要求：选择朝南或者朝东南的山丘缓坡地或坡度不超过15°的山坡地腰段（需修筑梯田或鱼鳞坑）；地下水位低，排水性能良好；交通便利；周边至少1千米范围内无工业污染源。

3 栽培技术

（1）种植模式：林分郁闭前，适宜复合经营，林间可套种豆科作物、绿肥等，如在山坡地种植，可沿等高线相隔两行套种一行生物篱带，如紫穗槐、茶叶、多年生禾草类等。

（2）种植密度：株行距4米×5米或4米×4米，亩栽33～42株。

（3）定干定植：冬季前视立地情况，完成整地及挖穴工作，当年11月至翌年3月上旬，配栽授粉品种，施足基肥，适度定干，适量修根，根肥分离，浅栽踏实，高覆松土，露出梅苗接口，浇足定根水。提倡带土球造林，翌年成活率在95%以上，造林后生长快，结实早。

（4）树体管理：幼树萌芽后，通过定干选留合适主枝3～4个，以培养自然开心形树冠为佳。当年秋末冬初，采用短截主枝、拉枝定位等技术，促进培育第一副主枝和第二副主枝，以快速形成牢固骨架和丰产树形。进入始果期后，及时抹去背生枝、竞争枝、重叠枝、徒长枝等，对当年生营养枝可去强留弱、去直留斜，达到控制树冠外移、增加结果枝组的目的。

（5）林地管理：幼林阶段，每年结合施基肥向外扩穴深翻除草；进入结果期后，5月可浅翻松土除草，实行平衡施肥，以打足基肥为主，减少生长期施肥次数和用量。高温干旱及多雨季节应做好抗旱、排涝等水分管理工作。

（6）病虫害管理：常见病虫害有疮痂病、灰霉病、炭疽病、蚜虫、刺蛾等。主要通过加强抚育管理、保持梅园生态平衡及采用微毒高效药剂进行防治，严禁采收前30天喷施任何药剂。花芽萌动前，全面喷施石硫合剂清园。

4 典型案例

（1）长兴县林城镇连心村基地。

基地位置及规模：长兴县林城镇连心村，面积50亩。

经营业主：陈美来。

经营情况：主栽品种'长农17'，2002年建园，2008年后进入盛果期，2019年平均亩产量1500千克，按市场价12元/千克估算，平均亩产值可达18000元。

长兴县林城镇连心村基地

49

（2）长兴县林城镇阳光村基地。

基地位置及规模：长兴县林城镇阳光村，面积12.5亩。

经营业主：李有山。

经营情况：主栽品种'长农

长兴县林城镇阳光村基地

17'和'萧山大青梅'各一半，2001年建园，2007年后进入盛果期，2019年平均亩产量达1000千克，按市场价12元/千克估算，平均亩产值12000元。

⑤ 技术专家

姓名	单位	职称	联系电话
沈 泉	长兴县林业技术推广中心站	教授级高工	13757251500
莫 颖	长兴县林业技术推广中心站	高级工程师	13819215111
何同根	长兴县林城镇林业站	工程师	13587925686

⑥ 种苗供应

长兴梅朵朵公司、长兴县林城陈勇苗木场等。

十一、锥栗生态高效栽培技术

锥栗是浙江省特色经济林和果材兼用树种,一年种植多年受益,具有优质、高产、高效的特点,盛果期林分亩产值在3000元以上,是浙江省坡耕地和退耕还林的首选树种。2019年全省锥栗种植面积达6万亩,产量为5000多吨,产值上亿元。

锥栗

1 推广良种

品 种	良种号	品种特性
YLZ7号	浙S-SC-CH-002-2006	早熟品种,矮冠丰产,品质优良
YLZ24号	浙S-SC-CH-003-2006	早熟品种,高产优质
YLZ25号	浙S-SC-CH-004-2006	中熟品种,丰产稳产,连续结果能力强,品质优良
YLZ26号	浙S-SC-CH-013-2008	中熟品种,丰产稳产,连续结果能力强,品质优良
YLZ02号	浙S-SC-CH-012-2008	中晚熟品种,品质优良,耐贮藏

品　　种	良种号	品种特性
早香栗	浙S-SV-CH-008-2015	特早熟品种，优质丰产，经济效益好
YLZ1号	浙R-SV-CH-019-2019	中熟品种，丰产稳产，成串结果，果实大小均匀，出籽率高

② 种植范围

适合在坡耕地和退耕还林区域推广。

（1）土壤要求：微酸性到中性砂壤土、壤土；土质肥沃、疏松、透气，土层厚度大于60厘米。

（2）环境要求：海拔1000米以下平地或山地；缓坡地，整体开发坡度不高于15°，局部开发不超过30°；中高海拔地区要求光照强，低海拔地区尽量选择在阳坡或半阳坡种植。

③ 栽培技术

（1）造林模式：适宜纯林结合林下套种，采用栗－农作物、栗－中药材套种等模式。

（2）种植密度：株行距4米×5米或4米×6米，亩栽27～33株。

（3）种植技术：冬季落叶后至翌年早春发芽前栽植，选用生长健壮、无病虫害、芽饱满、根系发达、地径0.8厘米以上的1～2年生良种嫁接苗。栽植时将苗木根部蘸泥浆；挖开定植穴回填1/3土，将苗木置于穴中央，舒展根系，扶正苗木，边填土边提苗，踩实；种植深度以嫁接口高于地表1～2厘米为宜；栽后浇透水，无雨水时半月后再浇水1次。

（4）树体管理技术：适宜自然开心形、主干疏层延迟开心形树冠；种植后及时抹芽和定干，定干高度为50～60厘米，从剪口下选出生长势强的新梢3～4个，培育成主枝，各主枝间方位错开，保持一定间距，除去其余新梢。待新梢长至70厘米时，及时摘心，促发二次枝并培养侧枝，以后每年继续培养主枝和侧枝，并及时疏除影响主、侧枝生长的枝条。成年大树修剪每年进行，以冬季修剪为主、夏季修剪为辅；调节树势，改善光照条件，维持树体营养平衡，防止结果部位外移。

（5）林地管理技术：每年秋冬季结合施基肥进行深挖扩穴改土，沿树冠投影圈向外扩展深挖宽50～80厘米、深30厘米以上的环形区域，结合施有机肥进行改土。施肥应遵循"有机肥为主、化肥为辅"的原则，以保持或增加土壤肥力及土壤微生物活性。结果树一年施肥3次，3月上中旬施催芽肥，以氮肥、磷肥为主，施肥量占全年30%左右；7月上中旬至8月上旬施壮果肥，以磷、钾肥为主，施肥量占全年的20%～30%；果实采收后施基肥，以有机肥为主，施肥量占全年50%以上。

（6）病虫害管理技术：常见病虫害有栗疫病、炭疽病、栗瘿蜂、桃蛀螟、栗象实甲、栗大蚜等，主要通过增强锥栗树势、冬季清园及低毒高效药剂等方法防治。冬季结合清园进行强修剪、焚烧病枯枝，石硫合剂涂刷树干。

4 典型案例

（1）庆元县屏都街道洋背村基地。

基地位置及规模：庆元县屏都街道洋背村，面积200亩。

经营业主：庆元县吴建民家庭林场（浙江省示范性家庭林场）。

经营情况：2006年造林，2012年进入盛产期，平均亩产锥栗150～200千克，市场价20元/千克，亩产值达3000～4000元。

庆元县屏都街道洋背村基地

（2）庆元县竹口镇黄坛村基地。

基地位置及规模：庆元县竹口镇黄坛村，面积500亩。

经营业主：庆元县正辉干（水）果专业合作社。

经营情况：2004年春季种植实生苗，秋季嫁接品种，2010年前后进入盛果期，平均亩产锥栗150千克以上，市场价20元/千克，亩产值达3000元以上。

庆元县竹口镇黄坛村基地

5 技术专家

姓　名	单　位	职　称	联系电话
龚榜初	中国林业科学研究院亚热带林业研究所	研究员	0571－63310045
江锡兵	中国林业科学研究院亚热带林业研究所	助理研究员	0571－63310045
赖俊声	庆元县自然资源和规划局	教授级高工	0578－6218518

6 种苗供应

联系庆元县林业局、兰溪市苗圃等。

十二、青钱柳生态高效栽培技术

　　青钱柳系胡桃科青钱柳属植物，为我国特有，是很好的天然保健食品资源，具有降血糖、降血压、降血脂及抗衰老等多种功效，也是一种生长速度快、材质较好的用材林树种。青钱柳作为一种集药用、材用和观赏于一体的多用途树种，既可以作为特色叶用林树种进行定向培育，也可以与油茶、茶叶等经济林套种，或与木荷、枫香等常绿、落叶阔叶树种混交。

青钱柳

① 推广良种

青钱柳为我国特有的单种属植物，主要分布于我国亚热带地区的江西、浙江、安徽、福建、湖北、四川、贵州、湖南、广西、重庆、江苏等省、自治区、直辖市。研究表明浙江、江西、湖南等地的种源生长快,适应性强,可作为推广种源。

② 种植范围

适合在丘陵山地、退耕还林地、坡耕地等区域推广。

（1）土壤要求：酸性红壤、黄红壤，尤以石灰岩山地为佳；排水良好，土层厚度大于60厘米。

环境要求：选择海拔2000米以下的山地或丘陵缓坡地（坡度＜25°），尤以海拔400～1000米的背风湿润沟谷地带为佳。

③ 栽培技术

（1）造林模式：纯林或混交林均可。混交林宜采取林下套种的立体经营模式，主要种类有青钱柳＋茶叶、青钱柳＋药材、青钱柳＋油茶等。

（2）种植密度：造林密度可根据立地条件和培育目标不同而定，青钱柳叶用林可采用密集矮化方式进行造林，栽植密度按株距0.8～1.0米，行距1.5～2米，每亩按333～555株进行栽植。一般造林株行距可采用（2～3）米×（3～4）米。

（3）种植技术：种苗选用高度≥80厘米、地径≥1厘米的1～2年生实生裸根苗或容器苗。从11月底苗木休眠期开始，至翌年春萌芽前均可栽植，海拔400米以上地区以春季栽植为宜，造林时挖穴、施足基肥。

（4）树体管理技术：尚处于幼龄阶段的青钱柳苗，应以整形为主，轻度修剪，多留枝，培养健壮的骨干枝，促进分枝的合理布局，扩大树冠。为便于采摘，青钱柳叶用林在生产中主要是控制树高，保留主干上2～4个枝条作为主枝，并尽量引导主枝向外上方生长，逐步培养成自然圆头形或开心形的树冠。

（5）林地管理技术：青钱柳幼苗栽植当年生长缓慢，需精心管理，一般于5—6月和8—9月期间进行松土除草，锄抚的杂草可覆盖在幼树周围或埋入土中，以增加土壤肥力，涵养水分；青钱柳为喜湿树种，保持土壤湿润有利于苗木生长，但在多雨季节或低洼地应及时排除积水；平衡施肥，基肥以有机肥为主，追肥以复合肥为主，采用沟施或撒施，少量多次。

（6）病虫害管理技术：青钱柳主要病害有根腐病、猝倒病和炭疽病，虫害主要有以食叶为主的叶蜂类、叶甲类、刺蛾类、蜡蝉等和蛀干害虫天牛等。按照"防重于治"的原则，合理经营，优先采用物理防治、生物防治和无公害安全用药技术相结合的综合防治技术，尽量减少农药使用。冬季在树干基部涂刷石灰水可预防和减少各种病害的发生。

4 典型案例

（1）遂昌县王村口镇官塘村基地。

基地位置及规模：遂昌县王村口镇官塘村，面积382亩。

经营业主：遂昌县维尔康青钱柳专业合作社。

经营情况：2013年2月底—3月初开始种植，现种植苗木约3万株。目前单株可获取干叶量1.5千克左右，按市场价100元/千克估算，亩产值可达11780元。

遂昌县王村口镇官塘村基地

（2）衢江区上方镇上龙村基地。

基地位置及规模：衢江区上方镇上龙村，面积200亩。

经营业主：衢州市衢江区辰农家庭农场。

经营情况：基地原于2012年已种植油茶，2014年3月初进行青钱柳套种，种植密度为株间距2米，行间距4米。目前单株可获取干叶量为1750克左右，按市场价100元/千克估算，亩产新增产值可达4375元。

衢江区上方镇上龙村基地

⑤ 技术专家

姓　名	单　位	职　称	联系电话
柏明娥	浙江省林业科学研究院	研究员	13094817920
刘本同	浙江省林业科学研究院	高级工程师	13306500998
程诗明	浙江省林业科学研究院	研究员	13819153582

⑥ 种苗供应

遂昌县维尔康青钱柳专业合作社、衢州市衢江区辰农家庭农场等。

十三、油橄榄生态高效栽培技术

油橄榄是木犀科齐墩果属的油料作物，为著名亚热带果树和重要经济林木，产地主要集中在地中海沿岸国家，如：西班牙、意大利、希腊、突尼斯、土耳其、叙利亚、摩洛哥等国家。我国油橄榄主要分布在甘肃、广东、广西、云南、四川等省、自治区。橄榄油含有丰富的营养和功能活性成分，具有预防心脑血管疾病和抗肿瘤等功能，素有"植物油皇后"的美誉。油橄榄树全身都是宝，果实的含油量在25％左右。浙江省油橄榄种植面积达0.8万亩。橄榄油市场价格约200元/千克。油橄榄盛果期亩产值达6000元以上，对增强我国粮油安全和丰富自然景观都具有重要意义。

油橄榄

① 推广良种

品 种	品种特性
鄂植8号	鲜果含油率20%～24%；冠体低矮，树冠圆头形，花期4月下旬，5～7天，果实成熟期11月；适应性强，较耐寒，早实，单株产量高，丰产稳产；油质中上等
豆果	鲜果含油率20%～22%；树体低矮，花期4月中旬，5～7天，果实成熟期10月下旬；适应性强，抗性强，耐寒抗盐碱，耐湿，适度耐旱；高产稳产，早实，果味浓
城固32号	鲜果含油率14%～17%；树体大小中等，新梢生长直立，花期4月中旬，果实早熟；环境适应性强，病虫少，早实，稳产性较好

② 种植条件

生长特性：喜光喜肥，造林后2～3年挂果，5年投产。

土壤要求：适宜在土层厚度大于60厘米、质地疏松、排水良好的土壤上种植。

环境要求：喜空气流通良好、日照长且光照充足的阳坡，坡度以＜20°为宜。

③ 栽培技术

（1）立地选择：坡地种植，坡度一般不宜超过25°；土层深厚肥沃、选择向阳南坡，以东南坡和西南坡为好。油橄榄怕涝又怕湿，不适宜在湖边低洼地带种植。平地种植油橄榄树，应配置相应的排水沟渠设施，以保证排水良好。种植土壤应选择土层深厚、肥沃、疏松透气、含钙量较高、排水良好、pH为5.6～8的微酸性至微碱性砂质土壤。栽植前应将栽植坡地修成梯田，以防止水土流失。选用肥沃、疏松透气的砂质土壤种植，忌土壤黏重、排水不良和冷风口种植。

（2）整地：整地、挖坑、填坑工作应在秋、冬季完成，最迟在造林前15天完成。不宜未经整地、挖坑而直接填坑栽树。

（3）造林：造林时间在1—3月。造林时挖大穴、施足基肥、根肥分离、浅栽高覆，并对树进行适量修剪。选用2～3年生容器大苗造林时，按照株行距4米×5米进行种植，种植穴80厘米×80厘米或100厘米×100厘米。

（4）施肥：以有机肥为主，化肥为辅，氮、磷、钾综合平衡，微量元素和微生物肥结合施用。忌长期单施一种肥料。环状沟施，11—12月施有机肥作冬肥；2—3月萌动前施速效氮、磷肥；6—7月施速效钾肥作夏肥。水肥流失严重的砂壤土或沙地，施肥应少量多次。

（5）修剪：冬季去除树冠中的无效枝条；夏季短截、抹芽和摘心等，使枝条分布有序。

（6）灌溉：灌水4次/年，即冬、春、伏天、果实生长后期，及时排水。

（7）病虫害管理：常见的病虫害有孔雀斑病、青枯病、天牛、叶斑病、褐斑病、黑斑病、大粒横沟象、介壳虫等，主要采用施石灰进行土壤改良、诱杀以及低度高效药剂等方法防治。冬季施用石硫合剂刷白、铜离子类抗菌剂预防。

④ 典型案例

基地名称：松阳县古市镇山下阳村基地。

基地位置及规模：松阳县古市镇山下阳村，面积100亩。

经营业主：浙江野蜂油橄榄有限公司。

经营情况：采用科学化、规模化、标准化等生产管理方式，使油橄榄生产从粗放型向集约型转变，盛产期平均亩产量300～400千克，平均果油率12%，可产油36～48千克，按市场价200元/千克估算，亩产值可达7200～9600元，100亩产值可达96万元。

松阳县古市镇山下阳村基地

⑤ 技术专家

姓 名	单 位	职 称	联系电话
龙 伟	中国林业科学研究院亚热带林业研究所	助理研究员	15057165732
姚小华	中国林业科学研究院亚热带林业研究所	研究员	13606608321

⑥ 种苗供应

浙江野蜂油橄榄有限公司、宁波市象山县亭溪花木场、青田森茂绿化有限公司。

下

编

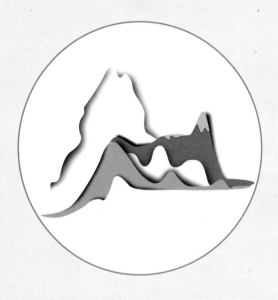

灌木小乔木经济林树种

一、茶树生态高效栽培技术

茶树是浙江省特色经济林树种，也是退耕还林和林木种植结构调整的优良树种。茶叶是浙江省重要农业产业，种茶也是山区农民脱贫致富的重要手段。2018年，全省茶树种植面积300.45万亩，产量18.6万余吨，产值达190亿元。同时，茶叶也是浙江省重要的出口换汇农产品。2018年，全省出口茶叶16.27万吨，出口额4.94亿美元。茶树不仅有适宜建设特色经济林的林茶兼用品种，还有为传统红茶、绿茶加工提供原料的高产优质品种，种植茶树可实现经济、社会和生态效益共赢的目的。

茶园

1 推广良种

（1）林茶两用品种。

品 种	良种号	品种特性
政和大白茶	GS13005－1985	无性系，小乔木型，大叶类，植株高大，树姿直立，适合经济林建设或者绿化林带建设；扦插育苗和移栽成活率高；春季萌发期较迟，可以有效回避倒春寒危害；育芽能力强，芽叶肥壮，持嫩性好，茸毛特多，适合加工白茶、红茶等茶类。高产地块亩产干茶可以在150千克以上
武夷水仙	GS13009－1985	无性系，小乔木型，大叶类；植株高大，树姿半开张，主干明显，适合经济林建设或者绿化林带建设；扦插育苗和移栽成活率高；春季萌发期较迟，可以有效回避倒春寒危害；育芽能力较强，芽叶较肥壮、持嫩性较强，茸毛较多，适合加工红茶、乌龙茶、白茶等茶类。高产地块亩产干茶可以在150千克以上
黄金芽	浙R－SV－010－2008	无性系，灌木型，中叶类；植株大小中等，树姿半开张，分枝密度中等；光照敏感型新梢白化茶品种，叶色黄化，适合林下间种，经济效益高；扦插育苗成活率高。春季萌发期早，白化新梢氨基酸含量高，是优质绿茶加工原料，亩产优质绿茶原料85千克以上，经济效益显著
御金香	品种权号：20130038	无性系，灌木型，中叶类；植株大小中等，树姿半开张，分枝密度中等；光照敏感型新梢白化茶品种，叶色黄化，育芽能力强，生长势强，抗性强，适合林下间种或者绿化林带建设；扦插育苗和移栽成活率高。春季萌发期早，白化新梢氨基酸含量高，适合加工优质绿茶，亩产优质绿茶原料100千克以上，经济效益显著

（2）适制红茶品种。

品　种	良种号	品种特性
浙农117	国品鉴茶2010012	无性系，小乔木型，中叶类，早生种。芽叶生育力强，持嫩性好，绿色，壮，茸毛中等偏少。适制红茶、绿茶，品质优良；制红茶则汤色红艳，香气持久、香高带甜香，味鲜浓强。抗寒性强，特别对倒春寒有较强的抗性，抗旱性强，抗螨、蚜虫和象甲能力较强，抗小绿叶蝉能力稍弱，抗病性强。产量较高，亩产干茶可达150千克
浙农12	GS13015－1987	无性系，小乔木型，中叶类，中生种。芽叶生育力强，持嫩性强，绿色，肥壮，茸毛特多。适制红茶、绿茶，品质优良；制红碎茶则香味浓厚；制绿茶则绿翠多毫，香高持久，滋味浓鲜。抗寒性较弱，抗旱性强。产量较高，亩产（一芽二叶）干茶可达150千克
杭茶21	CNA20141369.3	无性系，灌木型，中叶类，早生种；树姿半开张，分枝密度中等；芽叶浅绿色，茸毛中等。适制绿茶、红茶；制红茶则汤色红亮，带有花香，品质较优；制名优绿茶则香气清高、滋味甘醇。抗茶尺蠖与茶橙瘿螨能力强，耐旱性中等。亩产（一芽二叶）干茶可达200千克
浙农21	国审茶2002012	无性系，小乔木型，中叶类，中生偏早。芽叶生育力强，持嫩性较强，绿色，壮，茸毛多。适制红茶、绿茶，品质优良；制红茶则汤色红艳，香气持久，味浓强，具花香。抗旱性与抗病性均较强。产量较高，亩产（一芽一二叶）干茶可达180千克
浙农25	浙品认字第156号	无性系，小乔木型，大叶类，中生种。芽叶生育力较强，持嫩性强，淡绿色，尚壮，茸毛较多。适制红茶，具有滇红风味；红碎茶香高似花香，滋味较浓鲜爽。抗寒性中等，抗旱性甚强。产量较高，亩产（一芽一二叶）干茶可达150千克

续表

品 种	良种号	品种特性
浙农121	浙品认字第086号	无性系,小乔木型,大叶类,早生种。芽叶生育力强,持嫩性强,绿色,肥壮,茸毛较多。适制红茶、绿茶,品质优良;制红碎茶色较乌润,香高,味鲜醇;制绿茶绿润多毫,略具花香,味鲜爽。抗寒性、抗旱性较强。产量高,亩产(一芽一二叶)干茶可达200千克
迎 霜	GS 13011 - 1987	无性系,小乔木型,中叶类,早生种。芽叶生育力强,持嫩性强,芽叶黄绿色,茸毛中等。适制红茶、绿茶;制绿茶条索细紧,色嫩绿尚润,香高鲜持久,味浓鲜;制工夫红茶条索细紧,色乌润,香高味浓鲜;制红碎茶品质亦优。抗寒性尚强。产量高,亩产(一芽二叶)干茶可达280千克

(3)适制绿茶品种。

品 种	良种号	品种特性
白叶1号(又名安吉白茶)	浙品认字第235号	无性系,灌木型,中叶类;萌发期中偏晚;植株大小中等,树姿半开张,分枝密度中等;温度敏感型新梢白化茶品种,早春幼嫩芽叶呈玉白色,茎脉翠绿,育芽能力较强,抗逆性弱,特别是抗旱性弱;白化新梢氨基酸含量高,适合加工优质绿茶,亩产优质绿茶原料(一芽一二叶鲜叶)可达50千克,经济效益显著
龙井43	GS 13037 - 1987	无性系,灌木型,中叶类;萌发期特早,一芽一叶盛期在3月上中旬,应注意防治倒春寒;植株大小中等,树姿半开张,分枝密;芽叶纤细,黄绿色,春梢基部有一点淡红,茸毛少;抗寒性强,抗高温和炭疽病较弱,特别适合加工龙井茶。亩产优质绿茶原料(一芽一二叶)干茶可达100千克,经济效益显著

品　种	良种号	品种特性
茂　绿	国品鉴茶 2010004	无性系，灌木型，中叶类，早生种，一芽一叶盛期在3月末；植株较高大，树姿半开张，分枝较密；芽叶深绿色，茸毛多，芽叶生育力强，持嫩性一般。适制绿茶香气高爽，滋味浓鲜。抗寒性较强。扦插繁殖力较强，耐贫瘠。产量高，亩产（一茶二叶）干茶可达300千克
中茶108	国品鉴茶 2010013	无性系，灌木型，中叶类，特早生种，一芽一叶盛期在3月上中旬，应注意防治倒春寒；树姿半开张，分枝较密，芽叶黄绿色，茸毛较少，育芽力强，持嫩性好；抗寒性、抗旱性、抗病性均较强，尤抗炭疽病。制绿茶品质优，适制龙井、烘青等名优绿茶。产量高，亩产（一芽一叶）鲜叶原料可达100千克
中茶102	国审茶 2002014	无性系，灌木型，中叶类，早生种，一芽一叶盛期在4月初；树姿半开张，分枝密，芽叶黄绿色，茸毛中等，育芽力强，持嫩性好；抗寒性、抗旱性较强。制绿茶品质优，适制龙井茶和蒸青茶。产量高，亩产（一芽三叶）鲜叶原料可达400千克

② 种植范围

适合在退耕还林和树种结构调整区域推广。

（1）土壤要求：pH4.0～6.5的酸性或微酸性土壤，最适宜pH4.5～5.5；土层厚度大于80厘米。

（2）环境要求：降水量800毫米以上；年均温度15～23℃最适宜，冬季绝对气温-6℃以上；坡度小于25°的缓坡地。

③ 栽培技术

（1）造林模式：①纯茶园模式：在退耕还林地段种植；②林茶间种模式：在乔木型树种下间种茶树。

（2）种植密度：①纯茶园模式：双行条栽，大行距1.5～1.8米、小行距0.3～0.4米，株距0.3～0.4米，亩栽2500～4000株；②林茶间种模式：在乔木型树种下间种茶树，按照行、株距1.0～1.5米进行丛栽，每丛1～2株茶苗，每亩600～1300株。

（3）种植技术：在秋末初冬10月下旬至11月中旬或早春2月中旬至3月初，从扦插苗圃移栽1～2年生扦插苗，起苗时多带土少伤根，运输时注意保湿通气。种前深垦50～60厘米、开种植沟宽20～30厘米（条栽茶园）或挖穴（深50～60厘米，宽30厘米），施足基肥，一般每亩厩肥或土杂肥1～3吨并拌磷肥20～200千克，施在沟底或者穴底，覆土10厘米；移栽茶苗时注意防止肥料与茶根直接接触。种植后适当遮阴防晒，注意浇水抗旱。

（4）树体管理技术：①丛栽林茶间种模式：无须定型修剪，2年后采取以采代剪方式培养自然开展形、疏散分层形树冠；②条栽纯茶园模式：苗期定型修剪，去除顶端优势，塑造骨干枝，增加分枝密度，逐步扩大树冠；进入采摘期后，通过轻修剪和深修剪维持茶树冠面整齐平整、调节生产枝

茶树生态高效栽培技术

数量和粗度,提高发芽密度,减少花果生成,提高茶叶产量。

(5)茶园管理技术:施肥应遵循"高氮、稳磷、增钾"和"一基三追"原则。按照茶叶预测产量决定施肥用量,标准是每产100千克干茶施用纯氮14千克;氮、磷、钾比例按照生产茶类而变化,绿茶和白茶地块采用4∶1∶1,红茶和乌龙茶地块采用4∶2∶1或3∶1∶1。"一基三追"施肥用量:基肥50%,春肥25%,夏秋肥各12.5%;基肥在秋季封园时施入,春肥在春茶萌发前的2月底—3月初施入,夏肥在春茶结束后施入,秋肥在夏茶结束后施入。

(6)病虫害管理技术:常见病虫害有炭疽病、茶饼病、芽枯病、假眼小绿叶蝉、茶尺蠖、茶刺蛾、茶叶螨类等,主要通过改良土壤及低毒高效药剂等方法防治。秋冬季施用石硫合剂清园。

④ 典型案例

(1)安吉县递铺街道古城村基地。

基地位置及规模:浙江省安吉县递铺街道古城村,种植面积1320亩。

经营业主:浙江安吉宋茗白茶有限公司。

经营情况:浙江安吉宋茗白茶有限公司创立于2007年,是一家集茶叶种植、加工、销售、研发、衍生品开发于一体的浙江省级骨干农业龙头企业。公司自有安吉白茶基地1320亩,订单农户7000余亩,2018年产值达1.2亿元。

安吉县递铺街道古城村基地

（2）余姚市三七市镇石步村基地。

基地位置及规模：宁波余姚市三七市镇石步村，种植面积600亩。

余姚市三七市镇石步村基地

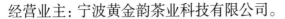

经营业主：宁波黄金韵茶业科技有限公司。

经营情况：公司成立于2012年底，选育国内第一个新梢黄化品种'黄金芽'，现有基地近千亩，配置有种质创制园、种质保存园、母本园、育苗基地、示范基地等区块功能，具有种质创制、品种选育、种苗繁育、生产示范和产品开发的完善的科研、生产条件，能实现科研成果的快速转化。公司微型喷灌设施化育苗基地可年育扦插茶苗1000万株以上。

⑤ 技术专家

姓 名	单 位	职 称	联系电话
梁慧玲	浙江农林大学	副教授	0571-63741893
郑新强	浙江大学	副教授	0571-88982704
梁月荣	浙江大学	教 授	0571-88982704

⑥ 种苗供应

新昌县浙农茶业合作社、宁波黄金韵茶业科技有限公司。

二、油茶生态高效栽培技术

油茶是山茶科山茶属物种中种子含油率较高、具有栽培利用价值的物种总称。浙江是油茶传统栽培产区，适宜栽培物种主要是普通油茶和浙江红山茶。全省现有油茶栽培面积约260万亩。油茶籽油是健康高档食用油，市场价格在120元/千克左右。正常管理新品种油茶林，盛果期林分年亩产茶油40～50千克，产值4000～6000元。发展油茶产业对推动农村种植结构调整，促进产业增效、林农增收、保障我国食用油安全、改善生态环境等均具有重要意义。

'长林53号'　　　　　　　　　'长林27号'

① 推广良种

目前，浙江红山茶尚无良种审（认）定品种，适宜浙江省油茶适生区种植的普通油茶良种主要是长林和浙林系列无性

系品种：

品种	审（认）定良种编号	品种特点
长林4号	国S-SC-CO-006-2008	树势旺盛，树冠球形开张，丰产稳产；果桃形，青偏红
长林40号	国S-SC-CO-011-2008	长势旺，抗性强，丰产稳产；果椭球形，果皮青带红
长林53号	国S-SC-CO-012-2008	树体矮壮，粗枝，枝条硬，叶子浓密，丰产稳产；果单生，卵球形，果柄有突起，黄带红
长林18号	国S-SC-CO-007-2008	长势旺，耐瘠薄，枝叶茂密，稳产；果扁球形，红色
长林3号	国S-SC-CO-005-2008	长势中等，枝叶开张，枝条细长散生，叶长卵形，丰产稳产；果桃心形，青偏黄
长林23号	国S-SC-CO-009-2008	长势旺，枝叶茂密，丰产；果球形，黄带橙色
浙林2号	浙S-SC-CO-012-1991	丰产稳产
浙林5号	浙S-SC-CO-004-2009	丰产稳产
浙林6号	浙S-SC-CO-005-2009	丰产稳产
浙林8号	浙S-SC-CO-007-2009	丰产稳产
浙林1号	浙S-SC-CO-011-1991	丰产稳产
浙林10号	浙S-SC-CO-009-2009	丰产稳产

② 种植范围

浙江省全境丘陵山地和平原台地均可种植，普通油茶适宜生长在海拔800米以下的低山丘陵，浙江红山茶适宜生长在海拔600米以上的高海拔山区。土层厚度大于40厘米的酸性壤土、砂壤土、轻黏土土地最为适宜。

③ 栽培技术

包括整地、良种选择与配置、造林栽植、抚育管理及采收等技术环节：

（1）整地：在造林前3～4个月进行，先清理杂灌后整地。油茶造林整地的方式主要有全垦整地、梯带状整地和穴状整地等。

全垦整地：适用于坡度小于15°的缓坡地。整地时宜顺坡由下而上挖垦，挖垦深度在30厘米左右。

梯带整地：适用于坡度在16°～25°的山地。随坡面自上而下按等高线挖筑梯带，带面宽度以2.3～2.5米为宜，带面内低外高，梯带内侧挖深、宽各20厘米左右的竹节沟用以蓄水保土，梯带外侧挖种植穴。

斜坡带状整地：适于坡度较陡、土层较浅、易发生水土流失的山坡。挖垦的方法与全垦相同，只挖种植带，留生草带。

穴状整地：适于在坡度较陡，坡面破碎以

油茶生态高效栽培技术

及四旁种植地区。依种植点按规格挖穴，表土和心土分别堆放，先以表土填穴，最后以心土覆在穴面。

（2）品种选配。油茶为虫媒异花授粉结实植物，不宜单品种建园，应选3～5个品种搭配种植，单一品种成块面积不宜超过半亩。长林系品种可按以下两种配置方案：

方案1：长林40号（30％）＋长林4号（40％）＋长林53号（20％）＋长林18号（5％）＋长林3号（5％）；

方案2：长林40号（25％）＋长林4号（25％）＋长林53号（40％）＋长林18号（5％）＋长林23号（5％）。

（3）挖穴与定植。

挖穴：根据立地条件、良种特性及管理水平确定初始密度。土层深厚、管理水平较高的可按4米×3米株行距定点挖穴，也可早期按2米×3.5米密度定点挖穴（8年后通过间伐措施调整为4米×3.5米）。地力较差的造林地可按3米×3.5米密度定点挖穴，后期不再调整。挖穴规格要求50厘米×50厘米×50厘米。定植前每穴施腐熟农家肥5～10千克或专用有机肥3～5千克作基肥。

种植：宜在苗木萌芽前气温不低于零度的秋冬季种植（11月—翌年2月底），容器苗可适当延后，尽量在下透雨后的阴天或小雨天栽植。栽植时，选用2年生良种裸根苗或容器苗，按品种配置方案（配置品种不少于3个）分品种行状或块状种植，要求适度深栽（嫁接口可以埋入土内5厘米）、苗木扶正、根系舒展、根土紧实，最后在植株四周覆填松土，覆土高度需高出周围地表10厘米左右,呈馒头状。

(4)抚育管理技术。油茶生长抚育管理分幼林和成林两个阶段,幼林阶段主要是促进树体生长以形成合理冠层和发达根系,为开花结实做准备,因此,幼林的管护以促进树体营养生长、快速形成丰产树冠和稳产树型为目标;成林阶段是油茶高产、稳产的重要阶段,抚育管理的重点是调节营养生长和生殖生长的平衡,达到提高产量、促进稳产的目的。

1)幼林。

施肥:每年春梢萌芽前点施复合肥。具体方法为:用铁棒在距离干基20厘米处,向树根方向倾斜25°插一施肥孔(孔径3~5厘米,深15~20厘米),沿孔壁施入复合肥25~50克,施后以土封口并踩实。

培兜:栽后2~3个月,穴土沉实后应培一次土,以高出地表5~10厘米为宜,确保不积水。

树体管理:定植当年秋天,枝长大于50厘米徒长枝留20~30厘米短截回缩、控高;第2年,通过短截或疏删控制徒长枝和偏冠枝,促侧枝萌发与生长;第3年,确定主枝,清理20厘米以下地脚枝和交叉枝。

套种:提倡林草、林药、林菜、林稻等多种模式复合经营,套作作物须离树基50厘米以外,高温季节不动土。

油茶套种山稻

2）成林。

施肥：采果后至翌年2月，沿树冠投影外围施用有机肥，施肥量为每平方米冠幅施腐熟农家肥2～3千克，或成品有机肥0.5～1千克；生长势弱的林分可在5月下旬追施一次复合肥，施肥量为每平方米树冠0.2～0.3千克，施肥方式为沟施（深度20厘米左右）。

树体管理：在茶果采摘后到春梢萌动前进行。按强树轻剪、弱树重剪，大年重剪、小年轻剪，控高提干防中空原则修剪。先修下脚枝，后剪中、上部偏冠枝、重叠枝、过密枝、偏冠枝、徒长枝、结果枝。通过修剪保持林地叶面积指数4～5，树冠透光度为0.7左右。

密度调整：当相邻两棵树侧枝交叉超过20厘米时（郁闭度＞70%），及时调整林分密度。密度调整可采用行间"品"字形

删减植株的方式。盛产期最终密度以50～70株/亩为宜。

中耕除草、垦复：提倡以草抑草。适宜草种有鼠茅草、三叶草、苜蓿等低矮的牧草、绿肥。未实施以草抑草的林地应在6月以前或9月后进行林地除草工作，并于采果后在树冠外（20厘米）由浅及深进行垦复并结合施肥。

病虫害防控：油茶最常见的有炭疽病、软腐病、根腐病、煤污病、白绢病、半边疯等病害和蛀茎虫、蓝翅天牛、茶籽象、茶天牛、闽鸠扁蛾、蛴螬、油茶叶甲、毒蛾、尺蛾、刺绵介壳虫、粉虱、茶蚕、茶梢蛾等害虫，主要采取选用抗病品种、改善林分通风透光条件、诱杀以及施用低毒高效药剂等方法进行病虫害防控。

油茶套种鼠茅草

④ 典型案例

基地名称：金华市婺城区东方红林场国家油茶良种基地。

基地位置及规模：金华东方红林场，面积400亩。

经营业主：金华东方红林场。

金华市婺城区东方红林场国家油茶良种基地

经营情况：基地依托中国林业科学研究院亚热带林业研究所建有油茶种质资源保存基地、良种采穗圃、良种繁育圃及油茶新品种新技术应用试验示范林。基地收集保存有油茶种质资源1500余份，建有长林系列良种采穗圃100余亩，育苗基地80余亩，良种应用示范林100余亩。该基地通过采用国内最先进油茶良种扩繁、品种配置、标准化管理等生产管理方式，形成国内领先的油茶培育新技术应用示范基地。

主要经济林树种 生态高效栽培技术

⑤ 技术专家

姓　名	单　位	职　称	联系电话
姚小华	中国林业科学研究院亚热带林业研究所	研究员	0571－63310094
王开良	中国林业科学研究院亚热带林业研究所	研究员	0571－63379095
任华东	中国林业科学研究院亚热带林业研究所	副研究员	0571－63326156
曹永庆	中国林业科学研究院亚热带林业研究所	副研究员	0571－63320229
林　萍	中国林业科学研究院亚热带林业研究所	副研究员	0571－63320229
龙　伟	中国林业科学研究院亚热带林业研究所	助理研究员	0571－63320229
程诗明	浙江省林业科学研究院	研究员	0571－87756948

⑥ 种苗供应

金华市婺城区金华东方红林场油茶国家良种基地、常山县油科所油茶繁育苗圃、青田县油茶繁育苗圃。

三、杂柑生态高效栽培技术

杂柑是目前浙江省发展最快的水果之一，具有优质、丰产、高效的特点，亩产值超万元或在10万元以上。2019年，全省'红美人'等杂柑栽培面积近10万亩，产量2万多吨，产值达5亿多元。

杂柑

① 推广良种

品　　种	品种特性
红美人 （浙R-SV-H-008-2018）	果实扁圆形至高扁圆形，单果重220克，橙红色，剥皮稍难；可溶性固形物含量12.0%，酸0.8%，糖酸适口，柔软多汁，具香气，无核，品质优；树势中等，11月下旬成熟，对溃疡病较敏感
鸡尾葡萄柚	果实高扁圆形，单果重380克，果皮蜜黄色、光滑；可溶性固形物含量11.0%，柔软多汁，略带苦味，有种子。树势强健，12月上中旬成熟，耐寒性略弱

续表

品　种	品种特性
明日见	果实高扁圆形，单果重180克，果皮较薄，易剥皮；果肉橙色，可溶性固形物含量14%以上，细嫩化渣，汁多味浓，风味浓甜，无核，品质优；1月下旬—2月下旬成熟
晴　姬	果实扁圆形，近温州蜜柑，单果重150克，果皮黄色、光滑，易剥皮；外观漂亮，可溶性固形物含量12%，有香气，常无核，品质优良；12月上旬至1月下旬成熟
春　香	果实扁圆形，单果重220克，果面淡黄色，果顶有印圈；可溶性固形物11%~13%，酸度极低，口感甘甜脆爽；12月上中旬成熟。较抗病、抗寒，极耐贮藏
甜橘柚	果实高扁圆形，单果重300克，果面淡黄色，可溶性固形物13%，酸度0.4%，味甜脆嫩。12月上中旬成熟，耐贮藏

② 种植范围

适合在浙江省柑橘种植的大多数产区栽培发展。

（1）土壤要求：壤土或砂壤土为好；土壤肥沃，有机质含量3%以上，土层深厚，大于60厘米，pH5.5~6.5；地下水位在100厘米以下。

（2）环境要求：以平地或缓坡地为好，坡度不高于20°；尽量选择向阳坡；排灌良好，交通便利。

③ 栽培技术

（1）种植时间：春季在2月下旬至3月中旬、秋季在10月上中旬定植。容器苗或带土移栽不受季节限制，推荐选用2年生大苗带土球移植。

（2）种植密度：株行距（3～4）米×（4～5）米，亩栽33～55株。

（3）种植技术：种植时宜挖大穴、施足基肥。栽植深度以根颈高出畦面5～10厘米为宜。定植后浇透水，保持土壤湿润。检查成活情况，及时补种。定干高度30～40厘米。

（4）肥水管理：幼龄树在2月下旬至8月上旬施肥，每月土施2～3次1%尿素，或10%人粪尿，再在新梢期根外追肥0.3%～0.5%尿素、0.2%～0.5%磷酸二氢钾2～3次。8月下旬至11月上旬停止施肥，11月中下旬施越冬。氮：磷：钾以1：0.5：0.5配比。结果树根据结果量酌情施肥。一年施肥4次，2月下旬至3月上旬施芽前肥；5月下旬施保果肥；在6月下旬—7月上旬施壮果肥；在采果后施采果肥。花期和幼果期叶面酌情喷施锌、镁、硼等微量元素肥料。

（5）病虫害管理技术：常见病虫害有黑点病、疮痂病、褐斑病、炭疽病、黄龙病、碎叶病、红（黄）蜘蛛、锈壁虱、介壳虫、潜叶蛾、蚜虫、柑橘木虱、粉虱、花蕾蛆、天牛等，主要通过物理、生物防治结合低毒高效药剂等方法防治。冬季用石硫合剂或松碱合剂清园以减少病虫害基数。

杂柑生态高效栽培技术

4 典型案例

（1）红美人等杂柑类生产基地。

基地位置及规模：象山县晓塘乡，面积50亩。

经营业主：象山县甬红果蔬有限公司。

经营情况：主栽品种为'红美人''晴姬''明日见'等杂柑，选用连栋大棚设施，种植模式有设施避雨完熟栽培、设施越冬完熟栽培、设施双膜浅加温促成栽培等，其中'红美人'亩产3000千克，每亩产值在10万元以上。

象山县甬红果蔬有限公司生产基地

（2）温岭市东浦农场柑橘基地。

基地位置及规模：温岭市东浦农场，面积500亩。

经营业主：浙江东浦农业发展有限公司。

经营情况：'红美人''鸡尾葡萄柚'各200亩，年产500吨，年产值500万元以上。

温岭市东浦农场柑橘基地

⑤ 技术专家

姓　名	单　位	职　称	联系电话
徐建国	浙江省柑橘研究所	研究员	0576－84228622
王　鹏	浙江省柑橘研究所	副研究员	0576－84906027
黄振东	浙江省柑橘研究所	副研究员	0576－84228029
陈子敏	象山县林业特产技术推广中心	高级农艺师	0574－65712344

⑥ 种苗供应

　　浙江黄岩众满果苗有限公司、象山县甬红果蔬有限公司、衢州市衢江区碧岭丹地家庭农场等。

四、温州蜜柑生态高效栽培技术

温州蜜柑，俗称无核蜜橘、无核橘。其具优质、丰产的特点，栽培容易，是浙江省栽培最多的柑橘类品种。2018年，全省温州蜜柑栽培面积为85.7万亩，总产量为101.5万吨，产值达26亿元。

根据温州蜜柑成熟期不同，可将其分为特早熟温州蜜柑、早熟温州蜜柑和中晚熟温州蜜柑。在浙江省内种植，特早熟温州蜜柑在10月

温州蜜柑

上旬前上市；早熟温州蜜柑果实在10月下旬上市，晚熟栽培一般在11月上旬至1月中下旬采摘，高糖化渣，品质极佳；中晚熟温州蜜柑成熟期在11月中旬后，为橘片罐头主要原料。

1 推广良种

品　种	品种特性
大分	特早熟温州蜜柑品种；成熟期9月中旬—10月上旬；果实扁圆，果实可溶性固形物含量11白利度左右，减酸早、口感甜酸、风味浓，不易浮皮；树势中等，丰产、稳产

续表

品　种	品种特性
由良	特早熟温州蜜柑品种；成熟期10月上旬；果实近圆形，高糖品种，成熟果实可溶性固形物含量13.0白利度左右，高糖高酸，化渣，后期易浮皮；树势中等，丰产、稳产
宫川	早熟温州蜜柑品种。成熟期10月中旬；果实扁圆形，可溶性固形物含量12.5白利度左右，甜酸适度，细嫩化渣，品质优良；留树完熟栽培，果实可留树到翌年2月。完熟果实可溶性固形物含量可达14%以上，酸0.6%左右，风味浓，化渣性极好；树势中等
尾张	中熟温州蜜柑品种，成熟期11月中下旬；树势强健，树冠圆头形；果产扁圆形，可溶性固形物12.0白利度左右；该品种丰产性好，不易裂果，主要用于去囊衣橘片罐头的原材料

② 种植范围

适合在缓坡、排水良好的地块种植，品质较好。

（1）土壤要求：微酸性砂质壤土，pH 5.0～6.5；土层厚度大于50厘米。

（2）环境要求：海拔350米以下；缓坡地，整体开发坡度不高于20°，局部开发不超过25°；尽量选择向阳坡。

③ 栽培技术

（1）种植时间：春季宜在2月下旬至3月中旬定植。秋季宜在10月上旬至10月中旬定植。容器苗或带土移栽不受季节限制。

（2）种植密度：根据品种特性合理确定种植密度和植株布局，以3米×4米较好。若考虑机械化作业管理，推荐宽行密株，株距2.0～3.5米，行距4～5米。

（3）种植：种植时宜挖大穴、施足基肥、根肥分离、浅栽高覆松土对种植苗适度修剪。栽植深度以根颈高出畦面5～10厘米为宜。定植后应浇足水，保持土壤湿润。检查成活情况，及时补种。推荐选用2年生大苗带土球移植。

（4）树体管理：在苗木定干基础上，以整形培养树冠为主，保持主干高度为30～40厘米，保留3～4个新梢，之后每次生长的新梢保留5～7片叶，摘心，及时摘除花蕾。保持树形开张，树冠紧凑，枝叶茂盛。以自然开心形为主要树形。树冠高度应控制在2.5～3.0米。

（5）肥水管理：幼龄树在2月下旬—8月上旬施肥，在每次新梢抽发前追肥。定植当年，3月—8月中旬每月施一次速效肥。8月下旬—11月上旬停止施肥。肥料种类以氮肥为主，配合使用磷、钾肥。投产前、在每次抽发新梢前施一次速效肥，11月中下旬施越冬肥。氮：磷：钾以1：0.5：0.5进行搭配。结果树根据柑橘结果量酌情施肥。一年施肥4次：在2月下旬至3月上旬施芽前肥；在5月下旬施保果肥；在6月下旬—7月上旬施壮果肥；在采果后施采果肥。花期和幼果期则根据树体营养状况在叶面喷施锌、镁、硼等微量元素肥料。

（6）病虫害管理技术：常见病虫害有黑点病、疮痂病、褐斑病、炭疽病、黄龙病、碎叶病、红（黄）蜘蛛、锈壁虱、介壳虫、潜叶蛾、蚜虫、柑橘木虱、粉虱、花蕾蛆、天牛等，主要通过物理防治、生物防治结合低毒高效药剂等方法防治。冬季用石硫合剂或松碱合剂清园减少病虫害。

4 典型案例

（1）早熟温州蜜柑'宫川'优质生产基地。

基地位置及规模：临海市涌泉镇梅岘村，面积300亩。

经营业主：临海市涌泉梅尖山柑桔专业合作社。

经营情况：丘陵坡地种植，品种以'宫川'早熟温州蜜柑为主，树龄10～15年，平均亩产2000～2500千克；按市场价6～12元/千克估算，则亩产值可达1.2万～2.5万元。

临海市涌泉镇梅岘村生产基地

（2）早熟温州蜜柑'由良'优质生产基地。

基地位置及规模：宁海县长街镇新城村，面积200亩。

经营业主：宁海县长街十月奇迹家庭农场。

经营情况：丘陵坡地种植，品种为'由良'早熟温州蜜柑，2013年开始种植'宫川'，2016年高接为'由良'，2018开始投产。果实品质极佳，可溶性固形物14.0白利度以上。盛产果园平均亩产2000～2500千克；按市场价6～12元/千克估算，亩产值可达1.2万~2.5万元。

宁海县长街十月奇迹家庭农场

⑤ 技术专家

姓　名	单　位	职　称	联系电话
柯甫志	浙江省柑橘研究所	副研究员	0576－84232038
徐建国	浙江省柑橘研究所	研究员	0576－84228622
聂振朋	浙江省柑橘研究所	助理研究员	0576－84127372
王　平	浙江省柑橘研究所	助理研究员	0576－84119088
孙立方	浙江省柑橘研究所	助理研究员	0576－84119088

⑥ 种苗供应

台州市绿杉苗木有限公司、宁海县长街十月奇迹家庭农场等。

五、槜李生态高效栽培技术

槜（音"醉"）李，是浙江嘉兴一带具有地方特色的一个古老李子品种，也是我国众多李树品种中非常珍贵的优异种质资源。槜李树树形优美，花似雪海，自古有"清雅素洁胜梅花"之说。槜李果

槜李

形美观，软熟后浆液极多，口感极致，有"最美味的李子"之称，其果汁常被形容为"琼浆玉液、甘露醴泉"，首次品尝让人常有"此物只应天上有，人间哪有几回寻"之感慨。槜李承载着深厚的人文典故，与独特的江南吴越文化融为一体。槜李长期以来产量不高，种植区域狭窄，有的年份即使高价求之也是一果难求，加之存放不易，能吃到的人往往不多。因此槜李历来局限于很小的种植区域，常处于"行业内大名鼎鼎，而知之者又甚少"矛盾状况的尴尬局面。我们最近新选育的两个槜李品种'醉贵妃'和'名媛'将突破槜李这一形象，并随着包装、快递业的迅速发展，更多消费者将能体验到槜李果品的风味。

① 推广良种

品　种	良种号	品种特性
醉贵妃	R-SV-PS-018-2019	7月上中旬成熟，产量稳定，适应性好，果形大，口感佳
名　媛		6月中下旬成熟，产量稳定，适应性好，果形中等偏大，口感佳

② 种植范围

适合浙江全省避风、不积水、土质疏松、肥力良好的田地、向阳坡地种植，也适合长江以南有类似环境条件的其他省份种植。

（1）土壤要求：微酸性到中性砂质壤土；土层厚度宜大于30厘米。

（2）环境要求：避风、不积水；田地或向阳缓坡地。

③ 栽培技术

（1）种植密度：株行距一般为5米×2.5米，或株距放大至4米，亩栽53株或更少。

（2）种植技术：一般起垄栽培，垄高40～50厘米；挖穴栽种，穴深50厘米，直径80厘米。用腐熟的有机肥2000～2500千克/亩，钙、镁、磷肥50千克/亩和表土混合后打底，种植穴填入表土，与垄面基本相平，再将树苗放上，用细土覆盖整个根系，培土，踩实，再适量培一些松土，须露出嫁接口，并浇透定根水；统一在65～75厘米饱满芽处定干。

（3）土、肥、水管理技术：幼树一般以氮、磷、钾肥为主，结果树须施足有机肥，增施钾肥，生长期特别是幼树期，叶面喷施0.3%磷酸二氢钾。行间可生草栽培，夏秋干旱期，根部可适当浇水，覆盖杂草。

（4）整形修剪技术：檋李树全年抽梢，分春、夏、秋三次，可在每次抽梢至50厘米时摘心，然后补充一次复合肥（15∶15∶15）。新种树经过第一年3次摘心，可形成较为丰满的树形。冬季落叶后，采用自然开心形或"Y"形修剪。要确保树势中庸，对弱树进行重短截，促进生长；对旺树要轻剪、疏删，以缓和树势；投产期树，夏季修剪以调整树枝角度、适当拉枝为主。

（5）预防霜冻：确保树体95%或全部叶片在秋末冬初（北方11月中旬，南方11月底）正常落叶，使树体储存较多养分，翌年花期能抵御恶劣气候环境，这是花期对付晚霜的最佳办法。

（6）病虫害管理技术：与其他果树相比，檋李相对抗性较强。在冬季修剪后、萌芽前对果园进行消毒，可喷施自制波美度3～5度石硫合剂清园。投产树夏季合理修剪，保持良好的通风透光条件，可减少发病。主要病害及防治方法：①红点病：当有5%的李红点病发生时，可用70%甲基托布津700倍防治；②褐腐病：发现有0.5%以上的李褐腐病病果时，可用65%代森锰锌700倍防治。主要虫害及防治方法：①蚜虫：春季开花前，可用15%吡虫啉粉剂3000倍液防治；②桃蛀螟：5月中下旬，用25%灭幼脲悬浮剂1500～2000倍液防治；③刺蛾：在6月下旬至8月中旬，可用高效氯氢菊酯4000倍在5月中旬或采果后防治；④红蜘蛛：7—8月高温季节，采果后可用1.8%阿维菌素3000倍进行防治；⑤成熟前一个月用1.5厘米×1.5厘米网眼的尼龙网全园覆盖，防治鸟害。

④ 典型案例

基地名称：嘉兴市李子园艺科学研究所基地。

基地位置及规模：嘉兴市秀洲区王店镇建林村（坝桥头），面积50亩。

经营业主：嘉兴市李子园艺科学研究所。

经营情况：至2020年，以9年生的'醉贵妃'和'名媛'为主，平均亩产700千克以上，品质优良，口感纯正。树形为"V"字形，亩栽111株。果园管理水平高，自然生草，不用除

'醉贵妃'

'名媛'

草剂，修剪得当，注重土壤改良、营养平衡、树体健康、长势中庸。

⑤ 技术专家

姓　名	单　位	职　称	联系电话
谢小波	浙江省农业科学院园艺研究所	副研究员	13957104281
陆其华	嘉兴市李子园艺科学研究所	高级农艺师	13306737114

⑥ 种苗供应

嘉兴市李子园艺科学研究所（陆其华，13306737114）、浙江省农业科学院园艺研究所（谢小波，13957104281）。

六、桃形李生态高效栽培技术

嵊县桃形李原产于绍兴嵊州，果顶尖，外形像桃，又因嵊州以前叫嵊县，因此就叫嵊县桃形李，并一直沿用至今。嵊县桃形李一般7月20日前后成熟，成熟时果肉暗红，果皮绿底褐红色，密布灰白色果点，外

桃形李

披较厚果粉；单果一般45~65克，大的可达100多克，粘核；口感甜，略脆，可溶性固形物含量一般在15%以上，高的可达20%左右。嵊县桃形李主要分布于嵊州市金庭、北漳等乡镇，面积两万多亩，近年来依托电商的迅速发展，成为了一个有地方特色的果品，当地政府和果农也越来越重视嵊县桃形李的品质，积极推广应用病虫害绿色防控技术和果园生草技术。

最近我们还从中选育了一个早熟的优良嵊县桃形李新品系，可提早成熟约一周，这一早熟新品系有望能帮助嵊县桃形李避免成熟后期因常遭遇雨水而引起的裂果现象。

1 推广良种

品　种	品种特性
嵊县桃形李	7月中下旬成熟,丰产性好,甜度高,品质上乘
早熟嵊县桃形李	7月中旬成熟,丰产性好,甜度高,品质上乘

2 种植范围

适合浙江全省范围砂质土壤,土层深厚、肥力适中的向阳坡地或旱地种植。

(1)土壤要求:微酸性到中性砂质壤土;土层厚度宜大于50厘米。

(2)环境要求:通风、向阳缓坡地或旱地。

3 栽培技术

(1)种植密度:行距一般为4～5米,株距2.5～3米,亩栽44～67株。

(2)种植技术:一般采用起垄或土墩栽培,垄或土墩高为30～40厘米;挖穴栽种,穴深30～50厘米,直径60～80厘米;用腐熟的有机肥2000～2500千克/亩,钙、镁、磷肥50千克/亩和表土混合后打底,覆15～20厘米表土,与垄面基本持平,再将树苗放上,培土,踩实,露出嫁接口,浇透定根水;在30～50厘米饱满芽处定干。

（3）土、肥、水管理技术：幼树一般以氮、磷、钾肥为主，薄肥勤施；成年树须施足有机肥，增施钾肥，壮果肥用复合肥1～2千克/株，采后肥用尿素和钙、镁、磷肥各一半，混合后施1千克/株。开花盛期喷0.3%硼砂，促进结果。行间可用鼠茅草生草栽培，夏秋干旱期，根部覆草。

（4）整形修剪技术：冬季修剪，幼树以整形扩冠为主，以"Y"形为主要树形；初结果树以多留枝、少短截、轻剪长放为主，对骨干枝进行短截以促分枝，利用短果枝结果；盛果树以改善光照、复壮枝组为主，对妨碍光照、结果不强及外围过密枝，要一律疏除。春季以抹芽为主。夏季修剪，采用扭梢、摘心、疏枝等修剪方法，抑强扶弱，使树冠内通风透光，促进花芽分化。秋季修剪，剪除直立枝、过密枝、重叠枝，去强留弱，保持通风透光。

（5）病虫害管理技术：在萌芽前对果园进行消毒，可喷施自制波美度5度石硫合剂清园。4—5月，幼果新梢旺长期，用15%吡虫啉粉剂2500倍液防治蚜虫1～2次，用1.8%阿维菌素3000倍或克螨特2000倍防治红蜘蛛。6—7月，用糖醋液、性诱剂等诱杀金龟子、吸果夜蛾。

（6）注意要点：嵊县桃形李要在足够成熟时采摘，才能充分体现其良好口感。在品质为王的当下，嵊县桃形李也应研究其最佳采摘时期和保鲜包装措施。

④ 典型案例

　　基地名称：嵊州市金庭镇灵鹅村桃形李基地。

　　基地位置及规模：嵊州市金庭镇灵鹅村，面积3000多亩。

　　经营业主：农户分散经营为主。

　　经营情况：整村基本以种植嵊县桃形李为主，能种植的土地都被利用。该村种植的桃形李品质优，糖度高。

嵊州市金庭镇灵鹅村桃形李基地

⑤ 技术专家

姓　名	单　位	职　称	联系电话
谢小波	浙江省农业科学院园艺研究所	副研究员	13957104281

⑥ 种苗供应

　　浙江省农业科学院园艺研究所（谢小波，13957104281）。

七、桃生态高效栽培技术

桃是浙江省主栽落叶果树，栽培历史悠久，拥有众多知名品种。浙江省属亚热带果树混交带，十分适合桃树栽培，盛果期桃树亩产值可超万元，桃树是浙江省山地和平原的首选树种之一。桃以鲜果销售为主，2018年底，全省桃树种植面积达46.9万亩，产量46.7吨，产值达14.5亿元。

桃

① 推广良种

品　　种	良种号	品种特性
湖景蜜露		中熟品种，果实近圆形，果顶平，缝合线明显，色泽鲜红，成熟后全果呈粉红色；肉质致密柔软，汁液多，纤维少而细，味甜有香气，耐贮运

续表

品　　种	良种号	品种特性
锦绣黄桃		中晚熟品种，果实椭圆形，果皮金黄色，着玫瑰红晕，厚且韧性不强，可剥离；果肉黄色，肉质厚，较致密溶质
白　　丽	浙（非）审果2014003	中晚熟品种，果形圆整，肉质甜且细腻，有香气，有较强的抗流胶病性和耐贮运性，中晚熟优良品种
黄金蜜系列		早中熟品种，果实近圆形，果色金黄美观；果肉橙黄色，肉质细，汁液多，香味浓，味甜微酸，风味浓
新川中岛		中熟品种，果实圆形至椭圆形，果实鲜红色，色彩艳丽，果面光洁，茸毛少而短；果肉黄白色，甜味浓，且具有浓香味、脆硬，耐贮运

② 种植范围

只要土质、气候条件适宜，且无环境污染，山地和平原皆可种植推广。

（1）土壤要求：砂质壤土和红黄壤土中生长较好，pH4.5～7.5均可种植，以pH5.5～6.5微酸性为宜；土层厚度宜大于60厘米。

（2）环境要求：适宜缓坡地；排水良好，阳光充足；无环境污染。

③ 栽培技术

（1）栽植技术：桃树栽植一般从秋冬落叶后至次年春季发芽前都可进行。挖好定植穴，穴的大小与深度分别以80～100厘米、60～80厘米为宜，穴内适当放入有机肥以及钙、镁、磷肥。

（2）种植密度：根据品种、土壤肥力、地形和栽培管理水平确定栽培密度，一般行株距4米×4米或5米×4米，亩栽33～55株。山地可比平地密度大些。

（3）土壤管理：生态高效栽培注意加强深翻改土，实行生草覆盖、间作绿肥等措施，防止杂草丛生。禁止使用除草剂，提倡机械除草。

（4）花果管理：合理配置授粉树，适当采取人工授粉以及放蜂授粉。增施有机肥，花期注意防霜防冻。

（5）树体管理技术：适宜自然开心形。常规树形三主枝开心形，三主枝方位角度各占120°，均匀分布，各主枝开张角度一般在45°～60°，每个主枝配1～2个副主枝，呈顺向排列，副主枝的开张角度可达75°左右。幼龄期桃树修剪定干在50～60厘米，以建造树体骨架，培养树形为主。进入结果期，树冠外围、上部发枝多，生长旺，注意控制。盛果期注意保持树体营养生长和生殖生长的平衡。

（6）施肥和水分管理：施肥应遵循"控氮、增磷、多施有机肥"的原则，重点抓好春、秋季肥料施入。基肥秋施，以有机肥为主，一般占全年施肥量的70%～80%。追肥采用撒施和条沟状施入，桃树追肥主要有花前肥、壮果肥、采后肥3次，施肥时注意灵活掌握，重视有机肥，控释氮肥，增施磷、钾肥，提倡微生物肥料。

桃树灌水应根据不同生育时期的需水状况和降水量，以及土壤性质来决定。一般在梅雨结束后，7—8月干旱季节要注意灌水。桃树怕涝，排水不畅，容易引起桃树根系死亡。

（7）病虫害管理技术：常见病虫害有细菌性穿孔病、缩叶病、流胶病、疮痂病、蚜虫、桃蛀螟、梨网蝽等。病虫害防治以"预防为主、综合防治"为原则，根据病虫的发生规律和预测预报，以农业防治为基础，物理、化学防治为辅助，加强培育管理，用绿色综合防控的方法减少病虫害的发生。

4 典型案例

（1）富阳区新登镇长兰村基地。

基地位置及规模：富阳区新登镇长兰村，面积500亩。

经营业主：杭州富阳海洪生态农业开发有限公司。

经营情况：2011年种植桃树，盛果期平

富阳区新登镇长兰村基地

均亩产量1250千克/亩，按市场价12元/千克估算，亩产值达15000元。

（2）富阳区新登镇塔山村基地。

基地位置及规模：富阳区新登镇塔山村，面积110亩。

经营业主：杭州富阳新登镇月琴家庭农场。

经营情况：2012年种植桃树，盛果期平均亩产量1100千克，按市场价12元/千克估算，亩产值超13000元。

富阳新登镇月琴家庭农场

⑤ 技术专家

姓　名	单　位	职　称	联系电话
孙　钧	浙江省农业农村厅	推广研究员	13600539818
谢　鸣	浙江省农业科学院园艺所	研究员	13906525879
张慧琴	浙江省农业科学院园艺所	研究员	15695880000
王勤红	杭州市富阳区农业技术推广中心	高级农艺师	13588856066

⑥ 种苗供应

杭州富阳海洪生态农业开发有限公司等（徐海洪，电话15869179834）。

八、胡柚生态高效栽培技术

胡柚是香泡与其他柑橘类的天然杂交品种，为浙江省常山县所特有，起源于该县的青石乡澄潭村，已有120多年栽培历史。其果大如拳，深秋成熟，色泽金黄，甜酸适中，营养丰富，耐贮藏，被誉为"中国第一杂柚"，青果为"衢桔壳"中药材的主要原料，是农民增收的又一新渠道。现已建成胡柚商品基地10万余亩，年产量14万吨。

胡柚

1 推广良种

常山胡柚具有耐瘠、耐寒、耐贮、风味独特等优点，其树势强健，叶色浓绿肥厚，枝叶繁茂，适应性广，耐粗放管理，抗寒性强。

2 种植范围

适合在丘陵山地、退耕还林地、坡耕地和乡村庭院区域推广。

③ 栽培技术

（1）选地造林：胡柚是亚热带常绿果树，对于土壤的要求不严，一般选择交通便利、排水良好的山地或丘陵地、庭院种植。在种植前进行整地，同时施入基肥，一般每亩施入3000～5000千克的农家肥，然后挖好定植穴。

（2）定植：胡柚长势强健，树冠庞大，嫁接树6～7年就会进入盛果期，一般每亩栽种35～45株。定植时间为春季3月或秋季11月，以3月中上旬定植较好，选择阴天或者晴天傍晚进行，雨天或土壤过湿不宜定植。

（3）整形修剪：当幼树主干生长到0.5米左右时要进行定干，幼树培养主枝和选留副主枝，同时及时摘除花蕾，减少树体营养消耗。将植株高度控制在1.5～15米，使得树冠紧凑，树形开张，之后培养主枝和副主枝延长枝，使得枝梢分布均匀，通风透气，生长健壮。在盛果期要进行抹芽控梢、摘心、剪除徒长枝、枯死枝、病虫枝等辅助修剪工作。

（4）施肥：幼树施肥应掌握肥水兼顾、薄肥勤施的原则。3—7月和11月，每月施肥1次，以有机氮肥为主，以促进抽春、夏、秋梢，加速形成树冠为主。成年树施肥以达到优质、高产稳产为主，一般每年至少施3次肥。催芽肥：3月初发芽前10～15天施，以速效氮肥为主，配适量磷、钾肥，促使抽发数量多、质量好的春梢。一般株施尿素0.50～0.75千克、过磷酸钙0.25千克左右。壮果肥：6～8月果实膨大期施壮果肥，以氮为主，磷、钾为辅。一般株施尿素、复合肥各0.5千克或尿素0.75千克，过磷酸钙、氯化钾各0.25千克。若挂果少，可酌情少施或不施壮果肥，以防猛发秋梢。采果肥：11月上旬施，胡柚果实生长消耗大量养分，需及时补充，恢复树势，促进花芽分化。采果肥应以速效肥和有机肥相结合、氮肥和磷、钾肥相结合。一般株施尿素、复合肥各0.5千克、饼肥5千克、栏肥垃圾等土杂肥100千克。此外，还可以结合喷药施以适量尿素、磷酸二氢钾进行根外追肥，及时补充树体对氮、磷、钾的需要。

（5）病虫害防治：胡柚病虫害主要是在春季4—6月为害胡柚叶片与幼果的叶甲、潜叶蛾、蓟马等虫害和黑点病等病害，可用菊酯类或阿维菌素防治虫害、代森锰锌防治病害；夏季6—8月红蜘蛛、锈壁虱等螨类及褐园蚧、长白壳等介壳虫常为害果叶，可采用螺螨脂、毒死蜱等药剂进行防治；另外5—9月对为害主干的天牛可采用人工钩杀或用具有挥发性的杀虫剂进行灌注灭杀。

④ 典型案例

（1）常山县箬岭水厂至梅树底（淤里桥头）。

以观赏栽培品种胡柚，建立了胡柚景观大道，全长30.4千米，大道具有鲜明特色和经济效益，景观优美，春季开花飘香诱人、秋季金色果实笑迎宾客，成为常山县的观光旅游景观带和农民增收紧密结合的致富路。

常山胡柚景观林

（2）常山县青石镇澄潭村、湖头村、江家村等村庄。

几乎各家各户门前屋后都种植了胡柚树，既绿化了农户庭院，又是农户的经济收入来源，成为了该区域的特色农业经济。

常山胡柚

⑤ 技术专家

姓　名	单　位	职　称	联系电话
翁永发	衢州市林业技术推广站	教授级高工	13957000911
赵四清	常山县农业农村局	高级农艺师	13511429200
何照斌	常山县林业水利局	高级工程师	13567050454

⑥ 种苗供应

常山县胡柚研究院、常山县与兵家庭农场、常山县发英家庭农场等。

九、猕猴桃生态高效栽培技术

    猕猴桃原产我国，因其营养价值高和保健药用效果好而备受关注，并被誉为"水果之王"。目前我国猕猴桃种植面积和产量均居首位，因其具有优质、高产、高效的特点，已成浙江省山区种植结构调整的首选树种之一。近些年浙江省猕猴桃发展较快，2019年全省猕猴桃栽培面积14.3万亩，产量8.3万吨，产值达4.3亿元。

猕猴桃

1 推广良种

品种名称	选育单位	品种特性
海沃德	由新西兰引入我国	绿肉，果实椭圆形，平均单果重80～110克，果皮密被长硬毛；晚熟；耐贮藏
布鲁诺	由新西兰引入我国	果肉黄色，果心四周呈放射状红色条纹，果实长圆柱形，单果重70克
徐　香	江苏徐州市果园	绿肉，果实圆柱形，果皮黄绿色，有茸毛，单果重75～110克
红　阳	四川省自然资源研究所和苍溪县农业局	果肉黄绿色，子房鲜红，沿果心呈放射状条纹，果实长圆柱形兼倒卵圆形，果顶微凹，平均单果重70～90克；二倍体
东　红	中国科学院武汉植物园	红肉，果实长圆柱形，果顶微凸或圆，平均单果重65～75克
黄金果	由新西兰引入我国	黄肉，果实长卵圆形，果喙端尖，单果重80～140克；二倍体
金　艳	中国科学院武汉植物园	黄肉，果实长圆柱形，果顶微凹，果蒂平，单果重101～110克；耐贮藏。四倍体
金　桃	中国科学院武汉植物园	黄肉，果实长圆柱形，平均单果重90克
华　特	浙江省农业科学院	果肉深绿色，果实长柱形，果皮极易剥离，单果重80～94克；耐贮藏。毛花猕猴桃
天源红	中国农业科学院郑州果树所	果皮、果肉、果心均为红色，单果重12克；软枣猕猴桃

② 种植范围

适合在高效林业和树种结构调整区域推广。

（1）土壤要求：pH5.5～6.5的砂质壤土或砾质土；土壤疏松、不易积水，土层厚度大于50厘米。

（2）环境要求：①海拔300～1200米，在早阳坡、晚阳坡上，生长结果较好；②选择避风之处栽培，缓坡地坡度不高于20°；③在年日照1931～2090小时生长良好，幼龄树喜阴凉，成年树需较多的光照，但不宜暴晒；④喜湿润，怕干旱，最忌积水。

③ 栽培技术

（1）种植模式：适宜纯林种植或结合林下套种模式，如猕猴桃-生姜，猕猴桃-药材，猕猴桃-百合、山药等间作套种等。栽培模式有露地栽培和设施栽培2种。

（2）种植密度：先密后稀。一般行株距3米×2米、3米×3米、3米×4米。几年后间伐至：平地篱架亩留74株，"T"形架亩留56株，大棚架亩留22株。

猕猴桃生态高效栽培技术

（3）种植技术：选用优良品种的优质嫁接种苗于12月中下旬至次年2月底以前种植。平地栽培宜深沟高畦，山地宜修筑等高线；种植时以挖大穴、施足基肥、浅栽为宜。种植后要用稻草或黑地膜覆盖根部。雌雄株搭配比例(6～8)∶1。

(4)树体管理技术：通过夏季、冬季的合理整形修剪来控制树体。开花期以人工授粉为主，蜜蜂授粉为辅；幼果期注意合理疏果，严控产量，并做好遮阴、套袋等。

(5)园地管理技术：幼树3—8月追施速效肥3～4次，采用"少吃多餐"；结果树施肥每年施1次基肥、2～3次追肥。雨季防积水，伏天搞好树盘覆盖。秋季结合施有机肥深翻扩穴。

(6)病虫害管理技术：病虫害主要有灰霉病、根腐病、褐斑病、溃疡病、叶蝉、介壳虫、吸果夜蛾、金龟子等，主要通过农业防治和喷施低毒高效药剂来防控。

4 典型案例

(1)磐安县金土地农业开发有限公司基地。

基地位置及规模：磐安县尖山镇三百田畈，面积100亩。

经营业主：郑焕平。

经营情况：红阳猕猴桃2012年种植，2015年进入结果期，平均亩产1000千克；市场售价40元/千克，亩产值达4万元。

磐安县金土地农业开发有限公司基地

（2）浦江县谢氏家庭农场。

基地位置及规模：浦江县岩头镇何大园村，面积60亩。

经营业主：谢林康。

经营情况：2015年种植，2016年进入结果期，'红阳''东红'猕猴

浦江县谢氏家庭农场

桃种植面积45亩，亩产1500千克，平均售价16元/千克，亩产值2.4万元；'黄金果''金艳'猕猴桃种植面积15亩，亩产2300千克，市场售价8元/千克，亩产值1.84万元。

⑤ 技术专家

姓　名	单　位	职　称	联系电话
谢　鸣	浙江省农业科学院	研究员	13906525879
张慧琴	浙江省农业科学院	研究员	15695880000
吴延军	浙江省农业科学院	副研究员	13186962612
钱东南	金华市农业科学研究院	高级农艺师	13506581676

⑥ 种苗供应

金华市婺城区农民之友苗木经营部、金华市农业科学研究院果树研究所等。

十、葡萄生态高效栽培技术

浙江是我国葡萄南方主栽区之一，主要以鲜食葡萄为主。葡萄是浙江发展最快、效益最好的高效优势树种之一，是浙江第一大落叶果树。2019年，全省葡萄种植面积50万余亩，产量85万吨，产值达37亿元。

葡萄

1 推广良种

品种	良种号	品种特性
天工墨玉	浙R-SV-VVL-006-2017	无核，极早熟，比夏黑早熟10天。蓝黑色，无涩味，果肉爽脆，可溶性固形物18%～23%，易栽培管理
天工玉液	GPD葡萄（2019）330025	大果，粉红到紫红色，果形倒卵形，肉质软，汁液多，浓草莓香味，可溶性固形物18%～19.5%
玉手指	浙（非）审果2012001	黄绿色，果粒长形至弯形，美观，质地较软，可溶性固形物18.2%～23.1%

续表

品种	良种号	品种特性
早 甜	浙认果2007002	大果，紫红、紫黑色，果粉厚，果肉脆，果汁中多，可溶性固形物16%～18%
寒香蜜	浙(非)审果2013001	无核、极早熟；浅粉红色，易剥皮，质地较软，汁液多，果香味浓，可溶性固形物20%～26%
天工玉柱	CNA20160547.8	黄绿色，果粒呈圆柱或长椭圆形，玫瑰香味，质地较脆，可溶性固形物18.6%～23.4%
天工翠玉	CNA20170871.3	黄绿色，果肉汁液多，质地较软，草莓香味浓，可溶性固形物19.6%～20.3%，不易落粒
天工翡翠	CNA20150402.3	无核；黄绿色带粉红色晕，果皮薄，质脆，具有淡淡的哈密瓜味，可溶性固形物18.5%
夏 黑	浙(非)审果2011002	早熟、无核。紫黑色，无涩味，果肉爽脆，可溶性固形物18%～22%

② 种植范围

适合浙江栽培区。

（1）土壤要求：pH6.0～7.5的微酸性至中性土壤；土壤耕作层厚度大于40厘米，土壤有机质含量在1%以上。

（2）环境要求：葡萄喜光，对各种环境条件具有很强的适应性，但环境条件对葡萄的生长发育和果实品质有着重要影响。

③ 栽培技术

（1）建园定植：选择排灌方便、土质疏松、肥力中等的地块，初冬或早春定植。

（2）栽培设施与架式：搭建避雨设施，采用"V"形架、"飞鸟"形架或平棚架。

（3）生长期枝蔓管理：欧美种开花前3～7天进行第一次全园统一摘心或喷甲哌嗡，顶副梢留4叶反复摘心，侧副梢全部抹除；欧亚种"6-5-4"摘心，副梢留1叶绝后摘心。果实进入转熟期，对全园新梢进行一次全面打梢。

（4）果穗管理：每一根结果枝留1个果穗，花前修整花序，无核化处理的'天工墨玉''阳光玫瑰'留梢尖4～6厘米，'巨峰'自然坐果的留穗尖或中间段长10厘米。每穗留粒40（大粒）～80粒（小粒）。亩产量控制在1250～1500千克。

（5）肥水管理：10月—11月初，每亩禽肥1500千克或豆粉有机生物肥150千克，加钙肥50～75千克、硫酸镁5千克；坐果后膨果肥每亩20千克复合肥，硫酸钾10千克，施肥结合灌水，坐果后到着色期一直保持土壤湿润。

（6）病虫害防治：主要是预防穗轴褐枯病、灰霉病、白粉病、白腐病、炭疽病、霜霉病等病害以及透翅蛾、叶蝉、绿盲蝽、介壳虫、螨类等虫害。

4 典型案例

（1）天台县平桥镇上白村基地。

基地位置及规模：天台县平桥镇上白村，面积150亩。

经营业主：浙江省天台县馨和农产品有限公司。

经营情况：平均亩产1250千克，双天膜设施栽培的品种5月中旬即开始上市，批发价达30元/千克，亩效益在4.5万元以上。

天台县平桥镇上白村基地

（2）浙江省农业科学院杨渡科研创新基地。

基地位置及规模：海宁市许村镇，面积25亩。

经营业主：浙江省农业科学院。

浙江省农业科学院杨渡科研创新基地

经营情况：2008年建设，建有鲜食葡萄品种资源圃与育种基地，收集保存了国内外葡萄种质200余个，是国家葡萄产业技术体系在浙江唯一的品种区试园，年接待企业、种植大户观摩千余人次。

⑤ 技术专家

姓　名	单　位	职　称	联系电话
吴　江	浙江省农业科学院	研究员	0571－86405569
程建徽	浙江省农业科学院	副研究员	0571－86417309
魏灵珠	浙江省农业科学院	助理研究员	0571－86417309
向　江	浙江省农业科学院	助理研究员	0571－86417309

⑥ 种苗供应

金华市优喜水果专业合作社等。

十一、蓝莓生态高效栽培技术

蓝莓是杜鹃花科越橘属植物。浆果蓝色，富含维生素C、超氧化物歧化酶（SOD）及黄酮类化合物等，营养和保健价值高，具有防止脑神经衰老、增强心脏功能、提高视力及抗癌等独特功效。

蓝莓

为当今我国及世界最具发展潜力的水果树种之一，具有很高的经济价值。

① 推广良种

品种	良种	品种特性
蓝美1号（Lanmei1）	国R-ETS-VC-006-2018	早熟，5月下旬成熟；果实高圆形，含糖量13.5%，中等大，风味香甜；树姿开张，适应性强，丰产
密斯梯（Misty）		早熟，5月下旬成熟；树姿直立，丰产；大果，扁圆形，含糖量12%，风味好；果肉硬，耐贮运

品种	良种	品种特性
夏普蓝 （Sharpblue）		早熟，5月下旬成熟；树势强，半开张；果实中大，近圆形，糖度12%，汁液多，香气浓
莱格西（Legacy）		中熟，6月上旬成熟；树姿半开张，较丰产，大果，扁圆形，清香风味，含糖量11.5%，耐贮运
奥尼尔（O'Neal）		早熟，5月中旬成熟；树姿半开张；大果，近圆形，糖度13%，甜度大，汁液多，香气浓
灿烂（Brightwell）		中熟，7月初成熟；树姿直立，大果，近圆形，含糖量12.5%，味甜，风味好，耐贮运

② 种植范围

适宜在浙江酸性土壤生态区域推广。

土壤要求：疏松、土层深厚、肥沃、排水性好；首选壤土或砂壤土，以pH4.0～5.5的缓坡地红黄壤最好。

环境要求：靠近水源，无污染。蓝莓为喜光树种，以平地或光照充足的向阳缓坡为佳，超过10°的应按等高线修建水平梯田。

③ 栽培技术

（1）定植：土地深翻30厘米以上。按2米宽行距起垄，垄高40厘米，垄面宽1米，行间沟底宽50厘米，垄面按株距1米

或1.5米,挖长50厘米×宽50厘米×深30厘米定植穴。穴中加入以下肥料:草炭5千克、辛硫磷15克、硫黄粉50克、羊粪5千克、锯末粉1千克,并与园土搅拌均匀,添加的肥料与园土以各占50%为宜。

(2)种苗选择:最佳选用组培苗,生长健壮,根系发达。

(3)品种选择与搭配:选择花期一致的品种搭配授粉,2～3个品种搭配,提高产量。

(4)种植季节:一般在秋冬季和春季萌芽前(10月下旬—3月下旬)均可种植。

(5)种植密度(行距×株距):2米×1米或2米×1.5米,亩栽220～330株。

(6)种植方法:栽植时将根系理顺,放入种植穴中央。在种苗根系周围加入配好的种植土后,稍微压实。定植后及时浇透定根水。

(7)土壤覆盖:可选锯木屑、稻壳等有机物(厚度5～10厘米)或地膜覆盖,可保湿、防杂草。

(8)水分管理:全园安装滴灌设施。土壤维持适宜的水分,确保种苗健康生长。雨季雨水过多时,及时排水防涝;夏季高温干旱时,做好水分补充。

蓝莓生态高效栽培技术

(9)施肥:以有机肥为主,化肥为辅。以养分均衡的羊粪、兔粪等农家肥为主,硫酸钾型的全元复合肥为辅;采用撒施、沟施或穴施的方式,施肥深度为5～10厘米。在生长期可喷施微肥、磷酸二氢钾等；每年施入3次肥料，在开花前后（3月下旬—4月上旬），果实采收结束后（7月下旬—8月中旬），秋冬季施基肥（10月下旬—次年2月底前）。一般定植第1年幼树可株施硫酸钾型全元复合肥25克左右，有机肥1千克，以后每年较上一年施肥量增加30%～50%，直到进入盛产期，定植第5年株施硫酸钾型全元复合肥0.25～0.5千克，优质有机肥按每株5～10千克施用。

（10）土壤管理，包括调整土壤pH、增加有机质、人工除草及化学除草。

调整土壤pH：当土壤pH大于5.5时，应调酸处理，以调整至pH4.5为基准。全面施用时，将硫黄粉均匀撒施于全园，深翻15～20厘米。土壤pH从6.5降到4.5，壤土每亩需施硫黄粉151千克，砂壤土则每亩需施硫黄粉49.5千克。局部施用时，按每平方米150克硫黄粉降低pH1个点的标准使用。

增加有机质：土壤有机质含量低于3%时，覆盖适量草炭土、锯木屑、树皮等改良。

人工除草：及时清除田间杂草。

化学除草：蓝莓对除草剂均比较敏感，要慎用或不用除草剂。

（11）修剪技术：分为冬季修剪和夏季修剪。早熟品种以夏季修剪为主，结合冬季疏剪。晚熟品种夏季则宜轻剪为主，侧重冬季修剪。

冬季修剪主要去除下部下垂枝、过密枝、交叉枝等；生长季对部分徒长枝进行摘心或短截，促进分枝。

（12）花果管理技术：适当疏花疏果，合理配置授粉树，主栽品种与授粉品种花期基本一致，能显著提高坐果率。可放蜜蜂辅助授粉，提高果实品质和产量。

（13）采收技术：晴天采收一般应在早上露水干后至10时前，避开中午高温。阴天可延长采收时间，雨、露、雾天、高温或果实表面有水时，不宜采收。应分品种分期分批采收。

（14）主要病虫鸟害防治技术：坚持"预防为主、综合防治"的方针，以农业综合防治为基础，合理利用物理防治和生物防治，适当结合化学防治。

常见病虫鸟害有叶片失绿症、炭疽病、枝枯病、灰霉病、蚜虫、梨小食心虫、蛴螬、果蝇、鸟类等。主要通过改良土壤增强树势，提高抗病性，以及采用杀虫灯、防鸟网和低毒高效药剂等综合防治。

4 典型案例

（1）浙江蓝美技术股份有限公司王家井新旭村蓝莓基地。
基地位置及规模：诸暨市王家井镇新旭村，面积150亩。
经营业主：浙江蓝美技术股份有限公司。
经营情况：2014年春季种植，2016年进入盛产期，平均亩产700千克，按市场价60元/千克估算，亩产值在3.5万元以上。

王家井新旭村蓝莓基地

（2）宁波市江北区慈城镇洪陈村夏家蓝莓基地。

基地位置及规模：宁波市江北区慈城镇洪陈村，面积105亩。

宁波市江北区慈城春波家庭农场

经营业主：宁波市江北区慈城春波家庭农场。

经营情况：2013年春季种植，2014年进入盛产期，平均亩产600千克，按市场价60元/千克估算，亩产值达到3万元以上。

⑤ 技术专家

姓　名	单　位	职　称	联系电话
於　虹	中国科学院植物研究所·南京中山植物园	研究员	13914702149
李亚东	吉林农业大学	教　授	18643147099
王贺新	大连大学	教　授	15904115138
陈华江	诸暨市经济特产站	高级农艺师	13819569970

⑥ 种苗供应

浙江蓝美技术股份有限公司、台州市君临蓝莓有限公司。

十二、火龙果生态高效栽培技术

火龙果原属热带、亚热带水果，是浙江省新兴的一种小水果，种植面积虽然目前还很有限，但种植效益不错，亩产值都高达几万元。随着近年来市场的不断走俏，浙江省的种植面积和品种都在不断增加。

火龙果

① 推广良种

品　种	选育单位	品种特性
霸龙果	台湾省农家品种	果大，皮薄，肉红，口感甜，水分多
金都2号	台湾省农家品种	皮厚耐运输，肉红，口感甜，水分多
金都1号	台湾省农家品种	果大，肉红，不裂果；不需人工授粉
仙蜜1号	引种地区不详	果大，肉红，综合性状优良；不需人工授粉
仙蜜2号	引种地区不详	果大，肉红，综合性状优良，不裂果；不需人工授粉
台湾金钻	台湾省农家品种	果大，肉红，糖度高；不需人工授粉
软枝大红	台湾省农家品种	果大，肉红，裂果比玫瑰香品种轻；不需人工授粉

品　　种	选育单位	品种特性
玫瑰香	台湾省农家品种	果大，皮薄，肉红，品质好，有香味；需人工授粉
黄龙果	中美洲地方品种	皮黄，肉白；糖度较高，口感好；产量不高
澳洲黄皮火龙果	澳洲地方品种	皮黄，肉白；糖度较高，口感好
青皮火龙果	海南农家品种	皮青，花红，肉红，品质好；需人工授粉

② 种植范围

适合在树种结构调整区域推广。

（1）土壤要求：对土质要求不严，平地、山坡、砂石地均可种植，最适合的土壤pH为6～7.5。

（2）环境要求：最低温度高于5℃的地方均可露地生产，低于5℃需要保温越冬栽培；耐旱、耐高温、喜光。

③ 栽培技术

（1）栽培模式：浙江境内冬季需双膜覆盖大棚的设施栽培模式。

（2）种植密度：行距3米，柱距1.5～2.2米，每柱周围栽4株苗，亩栽400～600株。

（3）种植时间：4—10月。

（4）种植方法：种植深度以入土3厘米即可，注意不可深植。种植红肉火龙果时，不少品种需要间种10%左右的白肉类型火龙果，或进行人工授粉。

（5）树体管理技术：当枝条长到1.3～1.4米长时摘心，促进分枝，并让枝条自然下垂。上架后及时抹除侧枝和剪顶摘心，花果分批管理。盛夏高温遮阳，冬季低于5℃需利用双膜覆盖保温越冬。每年采果后及时剪除结过果的枝条，重发新枝。

（6）园地管理技术：苗期施钙镁磷肥和复合肥，遵循"薄肥勤施"的原则，结果以后，每年都要重施有机肥，氮、磷、钾复合肥要均衡长期施用；开花结果期间要增补钾、镁肥。结果期保持土壤湿润，天气干旱时，3～4天灌一次水。

（7）病虫害管理技术：主要病虫害有软腐病、溃疡病、白蚁、红蜘蛛、黄蜘蛛、介壳虫等，主要通过农业防治和施用低毒高效药剂等方法防治。

4 典型案例

（1）金华市仙蜜果家庭农场。

基地位置及规模：金华市农业高新园区，面积40亩。

经营业主：徐福君。

经营情况：2008年种植，2009年7月结果，亩产量在

金华市仙蜜果家庭农场

2250千克,价格在20～40元/千克,亩产值5.3万元。

(2)浦江县绿色之源农业发展有限公司基地。

基地位置及规模:浦江县岩头镇三步石村,面积70亩。

经营业主:黄铁峰。

经营情况:2013年4月种植,2014年7月结果,亩产1800千克,价格在20～40元/千克,亩产值5.43万元。

浦江县绿色之源农业发展有限公司基地

⑤ 技术专家

姓 名	单 位	职 称	联系电话
蒋飞荣	金华市经济特产技术推广站	高级农艺师	13566779667
朱 璞	金华市农业科学研究院	高级农艺师	13867964011
钱东南	金华市农业科学研究院	高级农艺师	13506581676

⑥ 种苗供应

金华市婺城区农民之友苗木经营部、金华市农业科学院果树所、金华市仙蜜果家庭农场等。

十三、无花果生态高效栽培技术

无花果为特色水果,扦插当年即有产量,2~3年可达稳产,是浙江省乡村振兴和水果市场结构调整的优选品种。2019年全省栽培面积约1万亩,集约经营亩产值可达2万~3万元。

无花果

① 推广良种

品　种	良种号	品种特性
玛斯义陶芬	浙S-ETS-FC-008-2019	为引进品种

② 种植范围

在全省范围内种植。

（1）土壤要求：对土壤要求不严，在砂土、黏土、微酸性及轻盐碱地均可种植。

（2）环境要求：海拔800米以下；中高海拔地区要求光照强，低海拔地区尽量选择大田及半阳坡。

③ 栽培技术

（1）造林模式：适宜纯林。

（2）种植密度：行距3.0米，株距0.7米，一般亩栽245株。

（3）种植技术：挖穴，规格为40厘米×40厘米×40厘米，每穴放有机肥5千克，复合肥0.2千克。选择枝条充实、无病虫害尤其是无根瘤线虫病、侧根发达的扦插苗种植。栽植时间一般选择春季，也可秋季落叶后栽植。将苗木放在穴中央，舒展根系，扶正苗木，边填土边提苗、踏实，立即灌透水。

（4）树体管理技术：对已达到预定长度的新梢，需及时摘心，控制枝条徒长，保证果实肥大和充分成熟。冬季短截骨干枝以促进分枝。

（5）林地管理技术：果实成熟前施25千克/亩的硫酸钾，以后每10天左右在果树根部浇灌浓度2.5毫克/千克的硝酸钾水溶液2.5千克，直至盛果期结束。第2年开春后施1.5千克/亩的硼砂，2.5千克/亩硫酸镁的复合肥。

（6）病虫害管理技术：主要病虫害有炭疽病、霜霉病、蚜虫、菜青虫等。主要通过改良土壤及施用低毒高效药剂等方法防治。

4 典型案例

（1）金华市金东区汤溪镇厚大村基地。

基地位置及规模：金华市金东区汤溪镇厚大村，面积300亩。

经营业主：金华市金东区胜锋家庭农场。

经营情况：造林8年，1～2年进入盛产期，平均亩产鲜果1800千克，亩产值2.5万元以上。

金华市金东区胜锋家庭农场

⑤ 技术专家

姓　名	单　位	职　称	联系电话
刘亚群	浙江省林业科学研究院	高级工程师	13819193870
韩素芳	浙江省林业科学研究院	副研究员	13958004207
程诗明	浙江省林业科学研究院	研究员	13819153582

⑥ 种苗供应

　　嘉兴市秀洲区洪合神农无花果果园区、金华市武义桑和水果专业合作社等。

十四、杨桐生态高效栽培技术

杨桐是山茶科杨桐属灌木或小乔木，分布于浙江全省，多生于海拔100~800米地区，常见于山地疏林或密林中。日本国民常使用杨桐编织品作祭神用品，在浙江省被开发利用已有近30年历史。

杨桐

1 品种选择

商品杨桐一般要求枝条细、节间短而叶片密，叶片大小中等、叶形椭圆形、前端急尖，叶面平整、叶色亮绿。但野生杨桐品种很多，枝条叶片形态各异，且日本不同地区对杨桐形态有不同喜好，应有目的地选择适用品种或优良单株，培育无性系苗木造林，以达到同一片林品种一致。

②种植范围

适合在全省丘陵山区种植。

杨桐出口地仅为日本，因此一定要充分论证后才可建园。

（1）土壤要求：微酸性砂质壤土；土层厚度大于60厘米；避开低洼积水地，平地不宜种植。

（2）环境要求：海拔50～600米，选阴坡或有遮阴条件的山地；缓坡地，整体开发坡度不高于20°，局部开发不超过25°；对遮光有要求，郁闭度过小，杨桐叶色发红、枝条粗壮，导致商品性差，郁闭度过大杨桐生长不良。郁闭度一般以0.3～0.6为宜，阳坡宜大、阴坡宜小，并在生产过程中按地势和杨桐生长及品质情况调整到理想遮阴度。

③栽培技术

（1）造林模式：林下仿生种植品质较好，管理方便，适宜疏林下套种，或退化经济林（板栗、山核桃）改造。新造林应同时规划配置上层遮阴树种，遮阴树种以常绿针叶树种为好。

（2）种植密度：沿水平带种植，或依地势、依林中空地种植，行距2～4米，株距1.5～3米，稀植成林慢但采收管理方便，密植则进入盛产期较早。一般土质好、坡度缓、仿生栽培的宜稀植，土质薄、坡度大、集约经营的适当密植。

（3）种植技术：一般用2年生容器苗，或2～3年生裸根苗，容器苗除高温季节（6—9月）外都可种植，裸根苗在10月中下旬至上冻前及早种植，也可春季造林。造林时挖穴40厘米×40厘米、施基肥（有机肥0.5千克＋钙、镁磷肥0.15千克）、根肥分离、适度修剪。种植当年抚育注意保留侧方遮阴。

（4）树体管理技术：适宜中心主干自然分层形树冠，以层间通风透光为度，枝下高0.5米，控制总高在2.5米左右；前期通过加强抚育、合理施肥、修枝等技术快速形成树冠，注意培育主枝以较平缓为宜，角度在70°～80°，在主枝上尽量保留平展枝培育为采收利用枝；成林后要通过打顶去除顶端优势，保持合理树冠，确保可利用枝条的生长；及时清除树冠范围内植被，遮阴树枝的下高在3米以上。

（5）采收留养技术：采收适期一般是5—12月，分批采收，春夏间新梢萌动至新叶未完全转绿时不得采收；剪取长度25厘米以上合格枝（一般为2年生枝条），注意合理留养，在采收的同时修剪，去除直立枝和过粗的枝条，留下较细的短枝作为下一年的采收枝，注意不能损伤顶芽；采收后及时整理捆扎养水。

（6）林地管理技术：施肥要兼顾生长与品质的关系，平衡施肥，秋季（10月中下旬）施重肥，以有机肥为主，开沟或挖穴施入，杨桐一年有多次生长，可多次追肥，一般可在5月下旬—8月中旬择机施2次，每次撒施复合肥（15∶15∶15）5千克/亩。

（7）病虫害管理技术：主要病虫害是由红蜘蛛（叶螨）为害造成的"花叶病"，一般在5月下旬左右开始为害，在杨桐叶正面形成密集白色斑点，可在4月中下旬开始预防性喷施阿维菌素，每次间隔7～10天，连喷2～3次，注意需全园喷雾，地面植被也要喷到。

④ 典型案例

基地名称：杭州市临安区天目山镇严家山村基地。

基地位置及规模：杭州市临安区天目山镇严家山村，面积1000亩。

经营业主：大户。

经营情况：造林10～15年，种植后3～6年进入盛产期，平

杭州市临安区天目山镇严家山村基地

均每年亩产杨桐10000束左右，按市场价1.5元/束（其中杨桐原料0.5元、采收工资0.4元、捆扎工资0.6元）计算，亩产值可达15000元。

5 技术专家

姓　名	单　位	职　称	联系电话
吴家森	浙江农林大学	教　授	13336151715
饶　盈	天目山林场	工程师	18067928073
丁立忠	杭州市临安区农林技术推广中心	高级工程师	13806523228

十五、柃木生态高效栽培技术

柃木是山茶科柃属常绿灌木或小乔木，分布于浙江全省，以分布于浙江沿海的岛屿为主。日本国民常使用柃木编织品作祭祖供神用品，浙江省开发利用柃木已有近30年历史。

柃木

① 品种选择

野生柃木品种很多，枝条叶片形态各异，商品柃木一般要求叶片大小中等、枝条直、叶片密，叶色深绿发亮等，舟山、宁波等沿海地区的品种'舟山柃木'（俗称为"海柃木"），品质佳，但日本不同地区对柃木形态有不同喜好，品种也不限于'舟山柃木'，应有目的地选择符合市场需求、适合当地生长的品种，挑选优良单株，培育无性系苗木造林，以达到同一片林品种一致。

② 种植范围

以舟山、宁波等海岛和滨海地区较为适宜，但也有在新昌等地成功种植的经验，因此也适合在全省部分丘陵山区种植。枞木出口地仅为日本一地，因此一定要从销路、价格、劳动力等方面充分论证后才可建园。

（1）土壤要求：微酸性砂质壤土；土层厚度大于60厘米；避开低洼积水地。

（2）环境要求：海拔10～600米，选阴坡或有遮阴条件的山地；缓坡地，整体开发坡度不高于20°，局部开发不超过25°；对遮光有要求，上方或侧方庇荫，郁闭度一般以0.3～0.5为宜，阳坡宜大、阴坡宜小，并在生产过程中按地势、枞木生长及品质情况调整到理想遮阴度。

③ 栽培技术

（1）造林模式：林下仿生种植品质较好，管理方便，适宜疏林下套种，或退化经济林（板栗、山核桃、文旦）改造。没有遮阴条件的新造林应同时规划配置上层遮阴树种。

（2）种植密度：沿水平带种植，或依地势、依林中空地种植，行距2～3米，株距1.2～2米，一般土质好、坡度缓、仿生栽培的稀植，土质薄、坡度大、集约栽培的适当密植，计划每年采收的稀植，计划分片轮流采收的适当密植。

（3）种植技术：一般用1～2年生容器苗或裸根苗，容器苗除高温季节（6—9月）外都可种植，裸根苗在10月中下旬至上冻前及早种植，也可春季造林。造林时挖穴40厘米×40厘米、施基肥（有机肥0.5千克＋钙、镁磷肥0.15千克）、根肥分离、浅栽高覆松土且应适度修剪种植苗。种植当年抚育时应注意保留侧方遮阴。

（4）树体管理技术：适宜多主干散生（丛生）树形，控制总高在2米左右；前期通过加强抚育、合理施肥、修枝等技术快速形成树冠，成林后要通过打顶、去强枝等方法，促使侧枝萌发，确保可利用枝条的生长；及时清除树冠范围内植被，遮阴树枝下高在3米以上。

（5）采收留养技术：采收有每年采收和分片轮流采收两种模式。每年采收的剪取长度25厘米以上合格枝（一般为1～2年生枝条），注意合理留养；分片轮流采收的一般培育3年采收一次，离地面20～30厘米平茬。采收后及时整理捆扎养水。

（6）林地管理技术：施肥要兼顾生长与品质的关系，平衡施肥，秋季（10月中下旬）施重肥，以有机肥为主，开沟或挖穴施入。柃木一年有多次生长，可多次追肥，一般可在5月下旬—8月中旬择机施用2次，每次撒施复合肥（15：15：15）5千克/亩。

（7）病虫害管理技术：主要虫害有介壳虫、潜叶蛾、蚜虫等，可按常规方法防治。以介壳虫为例，可在3月中下旬地面喷施辛硫磷杀灭初孵若虫，或5月孵化盛期开始喷施蚧虫灵、敌敌畏、杀灭菊酯等药剂，每次间隔7～10天，连喷2～3次。如发现少量枝叶发黄枯死，采用多菌灵、百菌清等农药，每次间隔7～10天，连喷2～3次。

4 典型案例

（1）舟山市定海区干览镇青龙村基地。

基地位置及规模：舟山市定海区干览镇青龙村，面积100亩。

舟山市定海区干览镇青龙村基地

经营业主：大户。

经营情况：造林20年，2005年进入盛产期，平均每年亩产枸木3000束，按市场价1.5元/束计算，亩产值可达4500元。

（2）舟山市定海区干览镇龙潭村基地。

基地位置及规模：舟山市定海区干览镇龙潭村，面积80亩。

经营业主：大户。

经营情况：造林22年，2004年进入盛产期，平均每年亩产枸木3000束，按市场价1.5元/束计算，亩产值可达4500元。

舟山市定海区干览镇龙潭村基地

⑤ 技术专家

姓　名	单　位	职　称	联系电话
丁立忠	杭州市临安区农林技术推广中心	高级工程师	13806523228
陈　斌	舟山市自然资源和规划局	高级工程师	13758043998

附表 浙江省省级林业保障性苗圃建设情况表

序号	所在市	所辖县（市、区）	林业保障性或社会化苗圃名称	主要经营苗木	建设面积（亩）	年生产能力（万株）	联系人	联系电话
1	杭州	临安	临安区天目山林场	楠木、银杏、金钱松等珍贵树种	200	400	饶盈	18067928073
2		建德	建德市欣林林木种苗服务中心	楠木、薄壳山核桃、榉树等珍贵树种以及杉木、木荷	200	150	钱勇忠	18868711766
3	温州	温州	浙江省亚热带作物研究所	楠木等珍贵树种以及木荷，小叶榕	83	1000	郑坚	13906632616
4		文成	国营文成县苗圃	楠木、红豆树等珍贵树种以及枫香	495	250	周小荣	13806613369
5	湖州	安吉	安吉种苗服务中心	楠木、金钱松等珍贵树种	200	200	郑春颖	13505827247
6	绍兴	上虞	上虞海园林木有限公司	弗吉尼亚栎等滨海树种	280	210	陈雨春	13905850765

149

序号	所在市	所辖县（市、区）	林业保障性或社会化苗圃名称	主要经营苗木	建设面积（亩）	年生产能力（万株）	联系人	联系电话
7	金华	婺城	婺城区东方红林场	油茶、薄壳山核桃、木荷	70	200	洪友君	13806780296
8		兰溪	兰溪市苗圃	楠木、红豆树等珍贵树种以及枫香、乌桕等	1460	200	范金根	13777540306
9		江山	江山市林业种苗良种繁育推广中心	楠木、红豆树等珍贵树种以及油茶、枫香、木荷、乌桕等	270	300	温志军	13867008369
10	衢州	开化	开化县林场	楠木、红豆杉、光皮桦、柏木等珍贵树种以及枫香、黄山栾树、乌桕等	389.5	200	傅郁华	13506707306
11		龙游	龙游县林场	楠木等珍贵树种以及山樱花、枫香等	255	300	胡耀辉	13754308864
12		常山	常山县油科所	楠木等珍贵树种以及油茶	205	200	俞春莲	15268088258

序号	所在市	所辖县(市、区)	林业保障性或城市化苗圃名称	主要经营苗木	建设面积(亩)	年生产能力(万株)	联系人	联系电话
13	台州	台州	台州市普林林业有限公司	楠木、红豆树等珍贵树种以及枫香、木荷、乌桕等	540	200	徐世洋	13073899299 13905860291
14		临海	临海市林木种子苗木管理站	楠木、红豆树等珍贵树种以及枫香、木荷、乌桕等	260	350	李军	0576-85301378 1330658081 8
15	舟山	舟山	舟山市林业科学研究院	红楠、普陀樟等珍贵树种及枫香、乌桕	220	150	李定胜	13868208066
16	丽水	丽水莲都	丽水市处州珍贵种苗有限公司	楠木、红豆杉等珍贵树种以及枫香、木荷、乌桕等	260	300	蓝子杰	0578-2057074 1865783588 9
17		龙泉	龙泉市林业科学研究院	楠木、红豆树等珍贵树种以及杉木、木荷	123.5	200	何必庭	13587177907
18		庆元	庆元县实验林场	珍贵树种以及杉木、木荷、枫香等	300	500	张东北	0578-6121711 1386706428 6
19		云和	云和县农业综合开发有限公司	楠木、红豆树、木櫨、榉树等珍贵树种以及枫香等	260	300	张大伟	13906783505

图书在版编目（CIP）数据

主要经济林树种生态高效栽培技术/浙江省林业局
组编.—杭州：浙江科学技术出版社，2020.11
（"新增百万亩国土绿化行动"技术指导丛书）
ISBN 978-7-5341-9305-7

Ⅰ.①主… Ⅱ.①浙… Ⅲ.①经济林-栽培技术
Ⅳ.①S727.3

中国版本图书馆CIP数据核字（2020）第198639号

丛 书 名 "新增百万亩国土绿化行动"技术指导丛书
书　　名 主要经济林树种生态高效栽培技术
组　　编 浙江省林业局

出版发行 浙江科学技术出版社
　　　　 杭州市体育场路347号　 邮政编码：310006
　　　　 编辑部电话：0571-85152719
　　　　 销售部电话：0571-85062597
　　　　 网址：www.zkpress.com
　　　　 E-mail：zkpress@zkpress.com
排　　版 杭州万方图书有限公司
印　　刷 浙江海虹彩色印务有限公司

开　　本 880×1230　1/32　　　　印　　张 5
字　　数 96 000
版　　次 2020年11月第1版　　　　印　　次 2020年11月第1次印刷
书　　号 ISBN 978-7-5341-9305-7　 定　　价 30.00元

责任编辑　詹　喜　　　　 责任校对　马　融
特约编辑　孙　倩　　　　 责任印务　叶文炀
责任美编　金　晖